Nuestros orígenes...
de la esponja al Homo sapiens

Juan Carlos Fontecilla Camps

Nuestros orígenes...
de la esponja al Homo sapiens

[la gran aventura de nuestra evolución]

RiL editores

573.2   Fontecilla Camps, Juan
F   Nuestros orígenes... de la esponja al *Homo sapiens*/ Juan Fontecilla Camps – – Santiago -Barcelona: RIL editores, 2024.

168 p. ; 23 cm.
ISBN: 978-84-10248-28-1

1. ORIGEN DE LA VIDA. 2. ORIGEN DE LAS ESPECIES. 3. EVOLUCIÓN HUMANA.

Nuestros orígenes...
de la esponja al *Homo sapiens*
Primera edición: noviembre de 2024

© Juan Fontecilla Camps, 2024

© RIL® editores, 2024

Sede Santiago:
Los Leones 2258
CP 7511055 Providencia
Santiago de Chile
(56) 22 22 38 100
ril@rileditores.com • www.rileditores.com

Sede Valparaíso:
Cochrane 639, of. 92
CP 2361801 Valparaíso
(56) 32 274 6203
valparaiso@rileditores.com

Sede España:
europa@rileditores.com • Barcelona

Composición y diseño: RIL® editores

Impreso en España • *Printed in Spain*
Depósito Legal: B 18951-2024

ISBN 978-84-10248-28-1

A mi hijo Tobías
y mis sobrinas Sara, Carmen y Victoria,
por su cariño y estímulo

ÍNDICE

AL PRINCIPIO...

Nuestro sistema solar se formó hace unos 5000 millones de años (Ma) a partir de una nebulosa residual producida por una o varias explosiones de súper-novas, estrellas masivas que habiendo agotado su combustible colapsaron de manera brutal. De los ocho planetas que lo componen, los cuatro más cercanos al Sol son telúricos (terráqueos), mientras que los demás son gaseosos (Júpiter y Saturno) y helados (Urano y Neptuno). Uno de esos planetas telúricos cercanos al Sol es la Tierra, que empezó a consolidarse hace 4500 Ma. Nuestro planeta se encuentra en la que se define como zona habitable donde la mayoría del agua en su superficie se encuentra en estado líquido. Tras un proceso de acreción —agregación de cuerpos menores para formar uno mayor— que dura varios cientos de Ma, la primera evidencia fósil de vida en la Tierra aparece hace unos 3700 Ma y corresponde probablemente a colonias de procariotas, arqueones* metanógenos (para todos los términos con * ver glosario) y bacterias fotosintéticas (organismos unicelulares sin núcleo). Se piensa que las primeras células eucarióticas, es decir, nucleadas* aparecieron hace unos 1700 Ma cuando algunos de estos microorganismos se fusionaron de manera permanente. Pero habrá que esperar todavía 1100 Ma para ver surgir en el registro fósil claras evidencias de organismos multicelulares (metazoos), ancestros de los que hoy corresponden a hongos, plantas y animales. Es muy probable que la evolución biológica haya favorecido su aparición porque, al agruparse, las células generaron un organismo de mayor tamaño y así aumentaron la probabilidad de sobrevivir y también dieron a las células la posibilidad de especializarse.

Como se ha determinado en otros episodios de la evolución biológica, se piensa que la aparición de la célula eucariótica y, más tarde, la de los metazoos, fue también condicionada en gran medida por un accidente. En este caso habría sido la cantidad de oxígeno disponible en la atmósfera, que aumentó de manera considerable a partir de hace 2500 Ma gracias a la actividad fotosintética bacteriana que, como desecho, produce O. Es lo que se ha dado en llamar el Gran Evento Oxidante.

Lo que nos va a interesar en la parte **A** de este libro es desglosar el largo trayecto evolutivo que empieza con los primeros animales y que culmina (a nuestra manera de ver) con nosotros. En la parte **B** del libro analizáremos los orígenes de nuestra propia anatomía, fisiología y sentidos.

A. Nuestro lugar en la naturaleza

A cualquier observador medianamente acucioso debe parecerle obvio que ciertas especies animales (y también ciertas plantas) se parecen más entre ellas que a otras. Es evidente que una cebra está muy emparentada con un caballo y con un burro y que el gato es un pariente cercano del león. Aunque el origen de estas semejanzas no tenía una explicación clara en la antigüedad, la necesidad de clasificar a los animales apareció, como muchas otras disciplinas científicas, primero en Grecia. En su *Historia Animalium*, Aristóteles (-384, -322) ordenó los diferentes tipos de criaturas en grupos que compartían ciertas características: si vivían en la tierra o en el agua, si volaban, o si tenían sangre roja o no. Además, este orden era jerárquico, con una serie que iba de las menos a las más complejas; y que, por supuesto, culminaba con nuestra propia especie. Autores posteriores interpretaron esta serie aristotélica como una «escala natural»; sin embargo, esa no fue la intención del filósofo griego, que no veía una relación genética entre los distintos animales ni tampoco una relación evolutiva entre ellos. Para Aristóteles, las especies animales habían sido siempre las mismas e inmutables.

Como ocurrió con el resto de la actividad científica en Europa, la clasificación sistemática de las especies vivientes también sufrió un gran período de inactividad durante la Edad Media. Pero en el Renacimiento el interés en clasificar las plantas por su valor medicinal (Andreas Cesalpino, 1519-1603) o, simplemente, por un afán científico (Gaspard Bauhin, 1560-1620), le dio un nuevo ímpetu al estudio sistemático del mundo vegetal. Sin embargo, la falta de un sistema universal de clasificación provocó, al cabo de poco tiempo, una gran confusión que tuvo como consecuencia darle nombres diferentes a una misma especie. Esta situación mejoró significativamente cuando Carlos Linneo (1707-1778) publicó en 1735 su obra *Systema*

Naturae donde organizó a todas las plantas y animales conocidos en esa época, dándole a cada uno un nombre dual: género y especie. A pesar de que su sistema ha experimentado algunos cambios y mejoras, sigue siendo esencialmente el mismo que se aplica hoy en día.

Aunque la clasificación de Linneo no implica une relación evolutiva entre las especies, esta relación es evidente porque, salvo en casos excepcionales que resultan de una simplificación o pérdida secundaria*, los organismos complejos generalmente provienen de unos más simples (cuyos parientes, en ciertos casos un poco cambiados, todavía existen). Por supuesto, esta conexión quedó clara más tarde con la teoría de la evolución de Charles Darwin (1809-1882). En su *Systema Naturae*, Linneo clasificó a los seres humanos como primates y denominó a nuestra especie *Homo sapiens*. Aquí vamos a utilizar su clasificación actualizada para recorrer, progresivamente y desde su principio, el proceso histórico-evolutivo que nos ha definido como seres humanos.

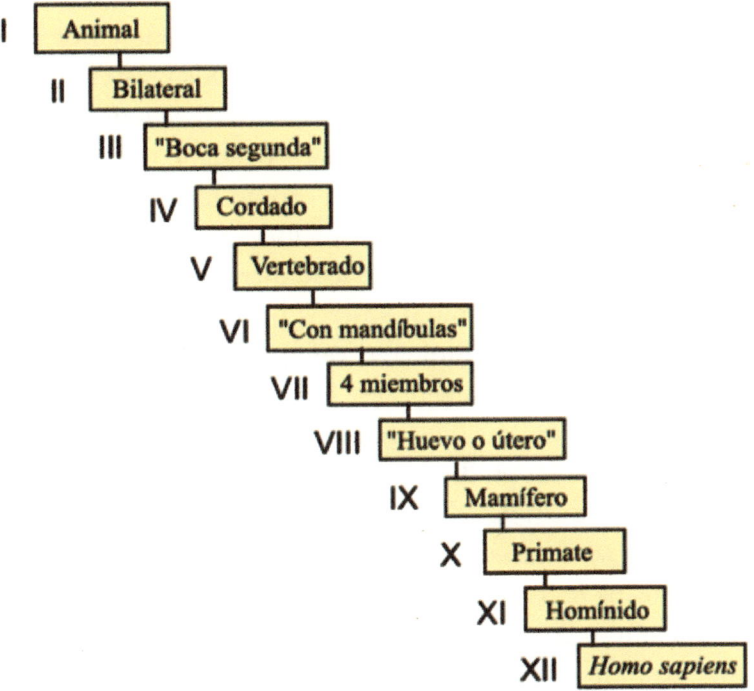

Clasificación jerárquica simplificada de nuestra especie *Homo sapiens* según la nomenclatura establecida inicialmente por Carlos Linneo en 1758, y modificada ulteriormente en función de los progresos científicos logrados desde esa época. Los términos *Deuterostomia, Gnathostomata, Tetrapoda* y *Amniota* se inspiran de raíces griegas que, aunque pueden ser difíciles de pronunciar o memorizar, respetan la tradición científica. En este trabajo he intentado minimizar su uso y, como en este caso, he dado su significado en castellano. Cuando la denominación científica se parece a la de nuestro idioma (por ejemplo, «mammalia» = mamífero) he usado frecuentemente esta última. A continuación, desglosaremos nuestra posición biológica paso a paso.

I. Animal

Los diccionarios en general definen a un animal como un «ser orgánico que vive, siente y se mueve por propio impulso»; o de manera más exhaustiva, como un «organismo viviente que come materia orgánica, con órganos sensoriales especializados y sistema nervioso capaz de responder rápidamente a estímulos». Sin embargo, estas definiciones dejan bastante que desear porque, como veremos, no todos los animales se mueven por su propio impulso y algunos no tienen un sistema nervioso. Las definiciones de diccionario se aplican a los animales que vemos corrientemente; pero, si en lugar de buscar la definición de animal en esos libros no especializados lo hacemos en un texto de biología, veremos que se consideran dos otras características fundamentales: heterótrofo (que no produce su propia comida) y multicelular (metazoo), compuesto de múltiples células especializadas en distintas funciones vitales.

Tenemos que empezar nuestro análisis del primer animal preguntándonos *¿qué sabemos de él?* Lo más lógico sería comenzar por estudiar los registros fósiles; pero si nos imaginamos a ese animal primogénito como una criatura muy pequeña y sin huesos, no los encontraremos ahí porque es poco probable que haya dejado huellas discernibles. Ernst Haeckel (1834-1919) llamó «gastrea» al primer ancestro animal que él imaginó. El nombre deriva de «gástrula», que en la gran mayoría de los animales es el primer estadio multicelular del desarrollo embrionario que posee una cavidad («gástrica») interna. Sin embargo, como veremos más adelante, los primeros gastreas tienen que haber sido bastante más simples que las gástrulas embrionarias contemporáneas. Se supone que eran originalmente organismos marinos que se alimentaban de plancton microscópico. En función de su localización en el océano habrían evolucionado, o en especies sésiles (inmóviles), fijas en el fondo, o en especies vágiles (móviles), que nadaban entre la superficie y ese fondo. Sin embargo, dado que es evidentemente imposible acceder a esa época remota, en lo que sigue empezaremos por describir al reino animal a partir de sus más simples representantes actuales porque es ahí donde es probable que se encuentre el descendiente más directo del primer animal.

Placozoos. El mejor candidato para ser ese primer animal (al menos en principio) podría ser *Trichoplax adhaerens*, un «placozoo», o animal en placa con forma de tortilla, que solo tiene unos pocos miles de células y posee el genoma* (ácido desoxirribonucleico [ADN] que constituye el conjunto de genes) más pequeño del reino animal. No posee ni cabeza, ni miembros, ni sistema nervioso, ni intestino. Su descubrimiento data del año 1883, cuando se encontró a miembros de esta especie en las paredes de un acuario en Austria. Desde entonces ha sido cultivado en varios laboratorios donde es alimentado con algas microscópicas que ahora sabemos que también son su alimento en su medio natural.

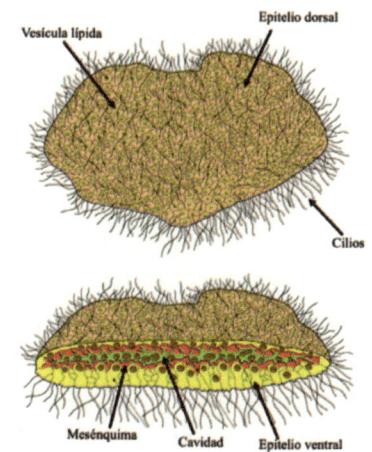

Placozoo (*Trichoplax adhaerens*). Es el animal más simple descrito hasta ahora. Arriba: aspecto general; abajo: corte transversal dorso-ventral. El placozoo posee dos capas celulares (epitelios dorsal y ventral) con una cavidad interna que contiene un fluido (verde en la figura), células pluripotentes* poco diferenciadas (tipo ameba) y solo 6 tipos de células diferentes. (Adaptado de Diagram virtual information Ltd.)

Se trata de organismos que no se habían observado en la naturaleza hasta 1971, cuando fueron encontrados en el mar Mediterráneo y el mar Rojo y, más tarde, también en el mar Caspio. Se sabe que «comen» con su superficie ventral que se transforma en una especie de saco y secreta, como nuestro estómago, enzimas* digestivas. Los placozoos se desplazan de dos maneras: o usan sus cilios para deslizarse (figura pág. 17) o cambian de forma, como una ameba. Su modo de reproducción no está muy claro. Aunque pueden dividirse como las amebas y generar individuos a partir de unas cuantas células, también se han observado, cuando la densidad de un cultivo es alta, células pequeñas que podrían ser espermatozoides y/o óvulos; los placozoos tendrían entonces también una reproducción sexual. Algunos investigadores piensan que esta clase de reproducción podría ser una característica primitiva que estaría en vías de extinción. No sabemos cuántas especies de *Trichoplax* hay realmente en la naturaleza. Aparentemente, sería una sola en todos los acuarios del mundo donde se le estudia, pero ciertos análisis sugieren que podría haber variedades.

A pesar de que, dada su simplicidad, los placozoos son buenos candidatos para constituir los primeros animales aparecidos hace unos 800 Ma, existen ciertos datos experimentales que cuestionan esa condición. Por un lado, las células de su epitelio (figura pág. 17) están conectadas por una proteína específica que se encuentra en todos los animales excepto en las esponjas (que son «poríferos» un poco más complejos, ver más abajo), lo que sugiere que los placozoos aparecieron después de estas. Por otro lado, la secuencia de un ácido ribonucleico, llamado S18, que es una molécula muy conservada y cuyas mutaciones sirven de referencia cronológica, nos indica que estos organismos pudieron haber aparecido incluso más tarde. Efectivamente, se ha constatado que hay un tipo de células de placozoo, semejantes a las neuronas, que secretan neuropéptidos* y se comunican químicamente, sin contacto directo. Además, reaccionan con anticuerpos específicos dirigidos contra una molécula del sistema nervioso de animales más evolucionados como los corales, las hidras, las medusas y la fragata o carabela portuguesa (colectivamente llamados cnidarios). Aunque los placozoos carecen de sistema nervioso es posible que se trate de animales «simplificados secundariamente»*, descendientes de un antecesor cnidario que sí lo tenía. El término técnico «simplificados secundariamente» se aplica cuando la evolución biológica, en lugar de continuar a generar organismos cada vez más complejos, «retrocede» y produce seres más simples porque se trata de una adaptación favorable en su contexto (un caso típico observable actualmente es la pérdida de ojos funcionales en peces e insectos cavernícolas). Esta noción puede parecer contraintuitiva porque, en general, tenemos la impresión de que la evolución biológica siempre debe producir organismos cada vez más complejos. Pero la evolución no tiene metas; solo ocurre condicionada por las circunstancias. Si nos da la impresión de que forzosamente aumenta la complejidad biológica es porque tendemos a ordenar las especies en esa dirección. Además, si empezamos nuestro análisis con los organismos más simples, por supuesto esa será su trayectoria evolutiva más probable.

Pero quizás lo más inesperado del placozoo es que en su ADN tiene un tipo de genes llamados «*Hox*», que en animales superiores especifican la localización de la cabeza durante la formación del embrión (es lo que se llama «diferenciación longitudinal»). Esta observación nos sugiere que la función original de estos genes —técnicamente llamados Proto*Hox*/Para*Hox* en el placozoo— que expresan proteínas estructurantes y reguladoras de la expresión genética, no era determinar donde se debía encontrar una cabeza, inexistente en placozoos y cnidarios, sino que definir otro tipo de organización celular (en forma de anillo o látigo en el caso de *Trichoplax*). Como veremos más adelante, los cambios más fundamentales durante la evolución biológica han generalmente ocurrido debido a la mutación de genes reguladores como los *Hox*. En el caso de organismos muy simples, como el placozoo, ese tipo de mutación aleatoria podría haber modificado, con el pasar del tiempo, su estructura en anillo y haber generado un organismo con polaridad antero-posterior —con «cabeza» y «cola»— es decir, habría transformado un amasijo de células en una especie de gusano primitivo.

Organismos diploblásticos (que tienen dos capas de células germinales: el ectodermo y el endodermo; también llamados no-bilaterales). Son invertebrados.

Esponjas (Porífera). Mucho menos complicado es entender la evolución animal a partir de las esponjas. Estos organismos simples —no poseen genes de tipo *Hox*— abundantemente repartidos en los océanos de nuestro planeta, tienen estructuras sólidas llamadas espículas que fosilizan (figura pág. 21). Una serie de fósiles de espículas del sur de China datan de hace unos 580 Ma y hay indicios de la existencia de estas estructuras incluso antes, en las colinas de Ediacara (Australia) cuyos estratos fósiles corresponden a un período que empieza hace 635 Ma. Además, las diferencias moleculares que presentan las cuatro clases de esponjas conocidas sugieren que habrían divergido de un ancestro simple incluso antes, hace unos 750 Ma.

Esos fósiles también nos indican que las esponjas han cambiado poco durante cientos de millones de años. Su éxito radica probablemente en lo simples que son. Tal como los placozoos, las esponjas no tienen boca, ni tampoco sistemas digestivo, circulatorio o nervioso. Pero sí que poseen una anatomía bastante mejor definida que utilizan para alimentarse, filtrando el agua de mar, cargada de bacterias y microalgas (figura pág. 21). El agua penetra en el espongocelo a través de los ostios y circula en su interior impulsada por los flagelos de los coanocitos que absorben los nutrientes de pequeño tamaño y los transfieren a los amibocitos (también llamados arqueocitos). Las partículas alimenticias más grandes son fagocitadas directamente por estos últimos. Todos esos alimentos internalizados son digeridos por los amibocitos que distribuyen el resultado a las distintas células de la esponja. Una vez filtrada, el agua de mar sale por el ósculo.

Se ha postulado que las esponjas forman un grupo aparte porque son los únicos organismos diploblásticos que no tienen nervios. Sin embargo, poseen un sistema pre-neural de protección de su mecanismo de filtrado que pudo haber sido una manifestación de «señalización» que, además, usa elementos homólogos a los que forman parte del sistema nervioso de animales más complejos. En ese caso, las esponjas, como los placozoos, habrían sufrido una pérdida o simplificación secundaria*.

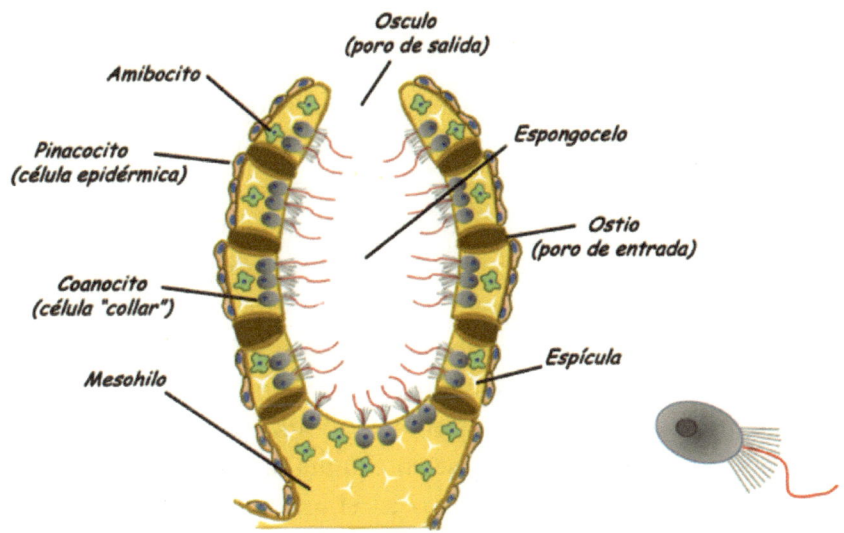

Corte transversal de una esponja (izquierda) y esquema del coanoflagelado unicelular *Salpingoeca rosetta*.

La organización celular de la esponja nos permite entender la evolución de los primeros animales porque es solo un poco más compleja que la del coanoflagelado unicelular *Salpingoeca rosetta*. Este organismo simple forma colonias gelatinosas que consisten en dos tipos de células; unas desplazan a la colonia en el agua, y se parecen a los coanocitos (figura), y las otras se asemejan a amibocitos y se dividen para agrandar la colonia. Aunque la esponja dispone de otros tipos de células y una morfología diferente, queda claro que anatómicamente los coanoflagelados representan un paso crucial hacia la condición «animal». Además, el análisis del ADN de estos organismos unicelulares ha demostrado que poseen genes que codifican proteínas involucradas en la señalización celular y en procesos de adhesión, típicos de metazoos. Así, y probablemente gracias a la formación de colonias, el potencial genético para formar organismos multicelulares existía ya en el ancestro de los coanoflagelados actuales. Y, de hecho, ese potencial todavía existe. Por ejemplo, se pueden separar todas las células de algunos tipos de esponjas al pasarlas por un cedazo; y si se incuban en un medio acuoso, se moverán y funcionarán independientemente. Lo asombroso es que, después de un cierto tiempo, estas células se reunirán para formar la esponja original (lo que igualmente hacen los placozoos). Este experimento también nos demuestra, desde otro ángulo, cómo fue posible que organismos unicelulares formaran metazoos.

Las esponjas pueden reproducirse sexual y asexualmente. Todas son hermafroditas, pero solo producen un tipo de gameto, espermatozoide u óvulo, a la vez. Generalmente, los espermios provienen de coanocitos transformados, mientras que los óvulos son generados a partir de amibocitos. La fecundación se asemeja a la alimentación: los espermios son expulsados por una esponja «macho» a través del ósculo y, después de dispersarse en el agua, entran en una esponja «hembra» por los ostios. Una vez en el interior de la esponja, son transportados por los coanocitos, que los transfieren a amibocitos donde los espermios entran en contacto con los óvulos. Los huevos fecundados se transforman progresivamente en larvas, las que serán expulsadas hacia el medio externo. Estas larvas nadan gracias a sus cilios y cuando empiezan a tener forma de esponja adulta, se fijan en un sustrato estable donde terminan su desarrollo. Allí, filtrarán agua de mar por el resto de sus vidas.

Cnidarios. Las medusas, anémonas marinas, corales e hidras, aunque son animales simples, son bastante más complejos que los placozoos y las esponjas y poseen genes reguladores de tipo *Hox*. En general, tienen tentáculos cubiertos de células venenosas (nematocistos, ver la figura pág. 23) y son carnívoros. Como las esponjas, las medusas machos y hembras liberan, respectivamente, espermios y óvulos por sus bocas; la fertilización ocurre en general en el agua —aunque en algunas especies, los espermios nadan hacia el interior de la medusa hembra y fertilizan los óvulos en su cavidad gastrovascular. El óvulo fertilizado se divide y se transforma en una larva con forma de pera achatada llamada «plánula» que se desplaza hasta fijarse sobre un sustrato sólido. Una vez estabilizada, la plánula se transforma en pólipo y en algunas especies se reproduce asexualmente generando medusas inmaduras (en un proceso llamado estrobiliación).

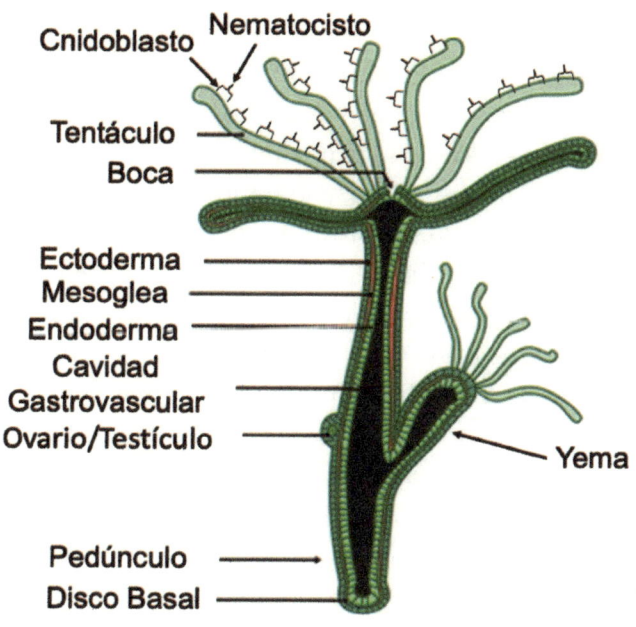

Corte transversal de una hidra.
(Adaptado de https://fr.depositphotos.com/vector-images/
hydra-air-tawar.html)

Los corales y las anémonas también generan plánulas y pólipos, pero a diferencia de las medusas no tienen una fase móvil puesto que no nadan. Una de las teorías del origen del ancestro común de todos estos animales postula que una mutación transformó a una plánula en una especie de gusano móvil capaz de reproducirse que ya no se fijaría para formar un pólipo.

Pero el cnidario más interesante con respecto a su locomoción es la hidra (figura). Aunque normalmente se mantiene inmóvil, con su disco basal adherido a elementos sólidos bajo el agua de lagos y charcos donde vive, puede desplazarse de varias maneras distintas. La más conocida es la «voltereta», que alterna el contacto del disco basal y los tentáculos sobre una superficie plana, describiendo círculos verticales. Además, puede usar sus tentáculos para flotar y moverse. Los cnidarios son los organismos más simples que poseen tres «invenciones» características del reino animal: un sistema nervioso, músculos y ojos. El sistema nervioso de estos animales se define en general como «difuso» porque los estímulos sensoriales y el movimiento se procesan localmente, sin que haya una integración central (no hay cerebro). Esto se logra gracias a una interconexión directa entre las neuronas sensoriales y las neuronas motoras, llamada sinapsis (en esto difieren de los placozoos). En los cnidarios adultos estas interconexiones forman una trama que cubre todo su epitelio parietal, es decir toda su «piel». Estas sinapsis comparten varias características anatómicas y moleculares con las de animales bastante más evolucionados. La mayor variedad de músculos se encuentra en los mamíferos; dos son estriados, el esquelético y el cardíaco, uno es liso (presente, por ejemplo, en venas y arterias) y al otro, que se encuentra en ciertas glándulas, se le denomina mioepitelial. El repertorio de los cnidarios es más restringido. Al principal tipo de célula muscular de estos animales se le llama epitelio-muscular y, como su nombre lo indica, se encuentra en su epidermis, compuesta de ectoderma y endoderma (figura pág. 23). Varios autores consideran que las células mioepiteliales de los mamíferos y las epitelio-musculares de los cnidarios son anatómicamente equivalentes. El músculo estriado también existe en los cnidarios. Sin embargo, es posible que sea el resultado de una evolución convergente* con la de los músculos similares de animales más complejos. Las actividades musculares de este filo* (o rango) de animales incluyen el reptar de la plánula, la «voltereta» de la hidra mencionada más arriba, el nadar y la retracción orientada del cuerpo para alimentarse de la medusa y los movimientos peristálticos digestivos de ciertos pólipos, como también la retracción defensiva de sus tentáculos en presencia de un depredador.

De hecho, algunas medusas se distinguen por tener un sistema neuromuscular relativamente complejo —producto de la especialización anatómica de sus redes nerviosas— que les permite nadar más o menos rápido y así evitar situaciones de peligro. Además, como en el caso de las sinapsis sensoriales, y a pesar de carecer de un sistema nervioso centralizado, los cnidarios poseen un mecanismo de contracción muscular similar al de animales bastante más evolucionados.

Ctenóforos («medusas con peine»). Este filo poco caracterizado consta de solamente 150 especies conocidas, todas carnívoras, con tamaños que van desde algunos milímetros hasta más de dos metros (son muy populares en programas televisivos de fauna marina donde se les ve iluminarse como letreros publicitarios de neón). Aunque durante un tiempo se consideró que eran un tipo de medusas, hoy se sabe que hay bastantes diferencias entre los dos filos.

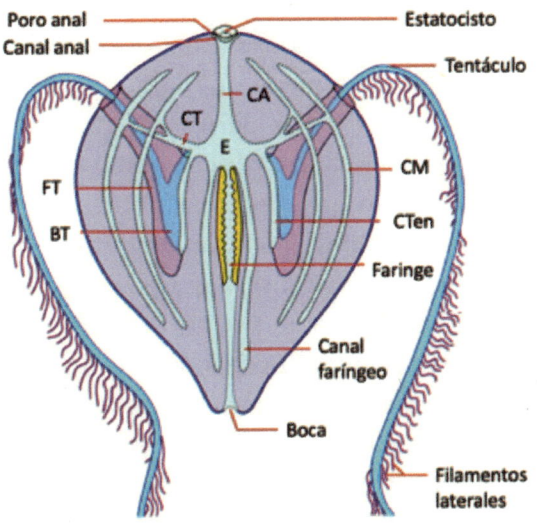

Anatomía de un ctenóforo. BT: base del tentáculo, CA: canal aboral, CM: canal meridional, Cten: canal tentacular, CT: canal transversal, E: estómago, FT: funda del tentáculo. (Adaptado de http://ourmarinespecies.com/wp-content/uploads/2018/12/comb_jellies_1-1024x907.jpg)

Por ejemplo, los ctenóforos carecen de células urticantes llamadas cnidoblastos (figura pág. 23) —aunque algunas especies utilizan las de una medusa después de habérsela comido.

Sus tentáculos poseen, en su lugar, un tipo de células llamado coloblastos, que en su superficie tienen gránulos que se rompen al contactar una presa y liberan una sustancia pegajosa que la retiene y facilita su ingestión.

Hasta mediados de los años 1990 no se conocían fósiles de ctenóforos. Sin embargo, recientemente dos especies, de unos 400 Ma de antigüedad, han sido identificadas en estratos del sur de Alemania. Otros fósiles posibles de este filo se han encontrado en las Montañas Rocosas canadienses y datarían del período Cámbrico, hace unos 500 Ma. A diferencia de las esponjas y las medusas, los ctenóforos no tienen una fase sésil (es decir, no se fijan sobre un sustrato durante su desarrollo). Todas las especies son hermafroditas y algunas también se reproducen asexualmente. Los espermios y óvulos son expulsados en el agua y después de la fertilización forman una larva ovoidea que nada y, en general, se transforma en la forma adulta sin pasar por las etapas complejas que caracterizan a los cnidarios.

Como los poríferos y los cnidarios, los ctenóforos carecen de sistemas respiratorio y circulatorio, pero tienen un sistema digestivo más evolucionado puesto que disponen, además de la boca, de un estómago y de poros anales y utilizan enzimas secretadas por la faringe para digerir los alimentos (figura pág. 25). También poseen un sistema nervioso difuso y músculos complejos. En el extremo del canal aboral se encuentra el órgano sensorial apical dotado de un estatocisto* que permite al animal orientarse con respecto a la gravedad. Además, en esa estructura hay cilios con neuronas fotosensibles cuya fisiología y genética asocia, al mismo tiempo, a los ctenóforos con cnidarios y bilaterales (ver parte **B** del libro).

La relación entre el sistema nervioso de los ctenóforos y el de otros filos no ha sido claramente establecida. Algunos autores piensan que evolucionó de manera independiente porque carecería de compuestos químicos clásicos como, por ejemplo, la acetilcolina y la serotonina, que son moléculas que transmiten el impulso nervioso entre neuronas. Pero, según otros, la acetilcolina sí que se encuentra en algunas especies de ctenóforos y argumentan que la falta de características clásicas puede ser debida a una pérdida secundaria* y no a su ausencia original.

La siguiente etapa de nuestro viaje evolutivo nos lleva al origen de un clado*, o rama evolutiva, de animales fundamentalmente distintos, los bilaterales (*Bilateria*).

II. Bilaterales

Como mencionamos más arriba, Haeckel supuso que el gastrea fue el primer esbozo de un organismo definitivamente animal. También se ha especulado que su versión sésil -fijada en el fondo marino- habría generado los cnidarios, y las especies vágiles, que nadaban, habrían evolucionado transformándose en bilaterales (*Bilateria*). ¿Pero en que se basa esa última denominación? Todos los embriones de los bilaterales se caracterizan, como su nombre lo indica, por tener una simetría bilateral. Es decir, su lado izquierdo es la imagen especular de su lado derecho. Además, tienen los llamados ejes anteroposterior (de la boca a la cola/ano) y dorsalventral (de la espalda al vientre) con sistemas digestivos completos, excepto en algunos gusanos. La mayoría de los bilaterales conservan esta simetría en el estado adulto (figura). La excepción la constituyen los equinodermos (erizos y estrellas de mar) que al desarrollarse adoptan una simetría pentarradial.

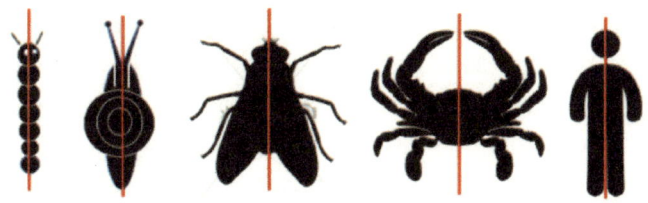

Simetría bilateral adulta (indicada por una línea roja vertical que representa un espejo) en gusanos, moluscos, insectos, crustáceos y vertebrados. La línea roja coincide también con el eje antero-posterior (AP) del animal. El eje dorsal-ventral es perpendicular a la página e intersecta al eje AP.

Excepto los organismos diploblásticos* descritos más arriba, la mayoría de los animales actuales pertenecen al clado *Bilateria*. Además de la diferencia morfológica entre los adultos bilaterales y los no-bilaterales, los embriones de los primeros son triploblásticos*, es decir, además del endodermo y el ectodermo, poseen una capa celular intermedia llamada mesodermo.

El registro fósil de este clado no es simple de interpretar. El primer fósil de bilateral reconocido como tal por la mayoría de los especialistas data de hace unos 555 Ma (período Ediacárico tardío) y corresponde a un organismo llamado *Kimberella*.

Fósil de *Kimberella quadrata*, generalmente considerado como uno de los primeros bilaterales. (Crédito: https://upload.wiki-media.org/wikipedia/commons/thumb/6/6d/Kimberella_quadrata. jpg/220px Kimberella_quadrata.jpg)

Se ha postulado que los bilaterales descienden de un organismo ancestral llamado «urbilateral» («ur» significa 'auténtico' en alemán) que, de acuerdo con datos recientes, pudo haber existido hace unos 580 Ma. Su anatomía ha sido muy discutida. Lo que parece evidente es que de acuerdo con la presencia del gen *Pax6* constatada en todos los bilaterales, este ancestro debió haber tenido ojos del tipo «en copa óptica pigmentada», los más simples de este clado presentes, por ejemplo, en gusanos planos, también llamados planarias (figura pág. 29). En estos ojos la luz tiene un acceso limitado a las células fotosensibles. Además, no forman imágenes, sino que le sirven al animal solo para orientarse con respecto a la fuente de luz.

Aunque las comparaciones genéticas son muy útiles cuando se quiere establecer la relación entre organismos relativamente recientes, son bastante más complicadas en el caso del urbilateral. La razón radica en que genes similares pueden haber sido reclutados para ejercer funciones diferentes durante el muy largo período evolutivo que nos separa de él. Por ejemplo, al ya mencionado gen *Pax6*, que juega un papel preponderante en el desarrollo de los ojos, no se le encuentra en algunos animales que sí tienen estos órganos. Y algunos cnidarios poseen genes que en los bilaterales están involucrados en el desarrollo de una capa de células que los cnidarios ni siquiera tienen.

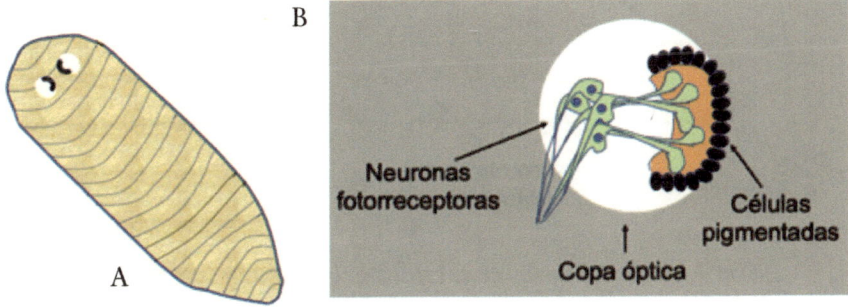

A. Dibujo esquemático de un gusano plano.
B. Anatomía del ojo izquierdo del mismo animal.

Esto significa que, aunque hayamos identificado un gen cuyo ancestro perteneció al urbilateral, no podremos predecir a ciencia cierta cuál era su función en ese organismo primogénito. Antes de que se tomara en cuenta este problema, se hicieron reconstrucciones genéticas que proponían un urbilateral improbablemente complejo debido a las extrapolaciones hechas con respecto a genes similares, contemporáneos nuestros.

Versiones más o menos recientes postulan a un animal bastante simple con un sistema nervioso difuso y, tal vez, un pequeño cerebro, sin corazón, tracto longitudinal u órganos. Sin embargo, como veremos en la parte **B** del libro, según un estudio sobre la evolución temprana del sistema nervioso, el urbilateral habría tenido un «bauplan»

—o plan de organización— nerviosa similar al de los vertebrados. También habría tenido un sistema digestivo con solo una entrada/salida, es decir, una combinación de boca y ano (figura). Su origen podría haber sido una larva de cnidario, es decir una plánula, que habría favorecido la evolución de su simetría «anteroposterior» al adoptar un movimiento direccional hacia «adelante», lo que también habría generado una simetría bilateral «izquierda-derecha» y originado el cambio embriológico hacia la condición triploblástica.

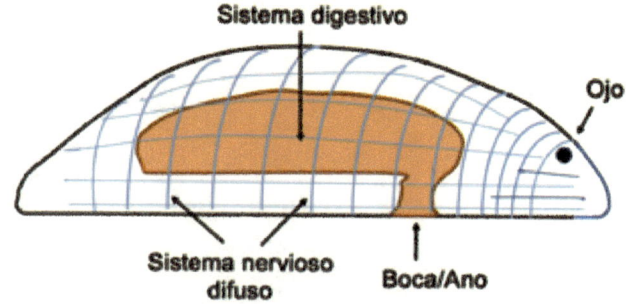

Modelo de animal urbilateral simple semejante a una plánula de cnidario.

Hasta ahora no se han encontrado fósiles del urbilateral por lo que se ha especulado que tiene que haber sido muy pequeño —menos de un centímetro de largo— y que por eso no dejó huellas de su existencia (aunque dado lo difícil que es, en general, encontrar fósiles tan antiguos, este argumento no tiene mucho peso). Lo que sí parece probable es que haya vivido en el mar, ya que todos los fósiles más tardíos del llamado período Cámbrico (-541 Ma a -485 Ma) se encuentran en sedimentos de origen marino. Como vimos más arriba también es lógico pensar que era móvil y, probablemente, se propulsaba con cilios que además pudo haber usado para llevarse los alimentos a la boca.

Un fósil de hace 555 Ma encontrado recientemente en el sur de Australia, llamado *Ikaria wariootia*, podría corresponder a una especie un poco más evolucionada que el urbilateral. Debió parecerse a un gusano primordial que se arrastraba por la arena, con simetría anteroposterior bien definida y boca y ano conectados por un tracto digestivo.

¿Pero qué provocó la aparición repentina de una multitud de organismos multicelulares hace unos 530 Ma, lo que se ha llamado la explosión del Cámbrico? Una de las hipótesis propuestas es que se debió a la aumentación del oxígeno en la atmósfera y también en el agua, porque todas las células eucarióticas (con núcleo), como las nuestras, requieren este gas para su metabolismo, llamado aeróbico. El problema es que, en un organismo multicelular más o menos globular, las células que se encuentren en el interior no tendrán acceso a una cantidad suficiente de oxígeno si los niveles atmosféricos de este gas son bajos (esto, por supuesto, se resuelve con un sistema circulatorio que, dada su complejidad, al principio no pudo haber existido). Con más oxígeno disponible en el aire habría sido más fácil obtenerlo para las células menos expuestas al exterior en ese organismo. Otra razón plausible es el principio biológico: «mientras más grande mejor, para que no te coman». A nuestro nivel macroscópico, se aplica a elefantes, ballenas, y en el pasado, a brontosaurios. Literalmente, ni leonas, orcas o tiranosaurios pueden —o podían— atacar a ejemplares adultos, dado su gran tamaño. Por analogía, en la época de los primeros metazoos, ser más grandes les habría protegido del ataque de amebas u otros fagocitos unicelulares.

Pero un gran número de células en un organismo también significa una mayor competición entre ellas por el espacio y los nutrientes disponibles. La selección natural habría favorecido entonces la formación de «nichos» celulares cada vez más diferenciados y la especialización resultante. Fue el nacimiento y la proliferación de anatomías con nuevos órganos.

III. Deuterostomia («boca segunda»)

Como mencionamos más arriba, la gran mayoría de los animales son bilaterales triploblásticos. Sabemos también que los bilaterales se dividen en dos subreinos, o súper-filos, llamados *Protostomia* y *Deuterostomia*, en función de la manera en que se desarrolla el embrión. En ambos subreinos, el óvulo fecundando se divide hasta generar un conjunto de células llamado blástula que posee una cavidad interna, el blastocelo. El siguiente resultado de este proceso es la gástrula triploblástica que produce, par invaginación, un saco interno (celoma) que se conecta al exterior por una apertura llamada blastoporo. En los protóstomos (del griego «primero boca»), el blastoporo se transforma en la boca del animal mientras que en los deuteróstomos («segundo boca») corresponderá al ano. Esta diferencia embrionaria tiene repercusiones muy importantes en el clado de los bilaterales porque genera una separación de filos que tiene poco de intuitiva: por un lado, se agrupan los moluscos, tres tipos de gusanos, los insectos y los crustáceos (artrópodos), que pertenecen a los protóstomos, y, por otro lado, los equinodermos, hemicordados, tunicados (o urocordados), cefalocordados y vertebrados (como nosotros) que constituyen los deuteróstomos (**B** en la figura pág. 33).

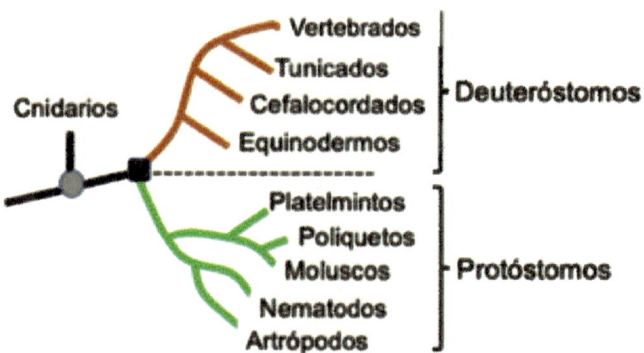

A. Árbol filogenético de los metazoos basado en ortólogos* de una proteína llamada «RGK» presente en una gran variedad de organismos (el círculo gris representa la separación de cnidarios y bilaterales y el cuadro negro, la bifurcación de estos últimos, estimada a hace unos 550 Ma).

Metazoos	Sub-reinos/Súper-filos	Filos	Grupos/Clases
Diploblástica (No Bilateria)	—	Porifera, Cnidaria, Ctenophora	Esponjas, Medusas, Peines de mar
Triploblástica (Bilateria)	Protostomia	Moluscos, tres tipos de Gusanos, Artrópodos	Bivalvos, Crustáceos, Insectos, Arácnidos
	Deuterostomia	Ambulacraria: Echinodermata Hemichordata	Erizos y estrellas de mar, gusano bellota
		Chordata	Urocordados, Cefalocordados, Peces, Reptiles, Aves, Mamíferos

B. Clasificación actual de los metazoos. El súper-filo *Protostomia* no se encuentra en nuestra línea evolutiva y, en consecuencia, no lo discutimos.

No está claro en qué momento se produjo la división de estos dos subreinos; pudo haber ocurrido hace 550 Ma a partir de un ancestro compartido con los cnidarios (**A** en la figura pág. 32). Otro estudio, basado en fósiles y secuencias de proteínas, data la separación de deuteróstomos y protóstomos a hace 670 Ma. Como ya lo hemos señalado, comparar secuencias proteicas, y extrapolarlas hacia un pasado tan lejano, no es un método especialmente fidedigno. En todo caso, queda claro que esa separación ocurrió antes, o al inicio, de la explosión del Cámbrico.

Como ya lo mencionamos, los equinodermos (erizos, estrellas de mar), que tienen simetría pentarradial al estado adulto, pertenecen al súper-filo de los deuteróstomos. Y, junto con el grupo de los hemicordados (gusanos balanoglosos o enteropneusta), forman parte del clado de los *Ambulacraria*, del latín «que se pasean»; a los cinco apéndices radiales tubulares de un equinodermo, que le sirven para moverse, se les llama ambulacros. Según el estudio recién mencionado, los equinodermos se habrían separado de los hemicordados hace unos 600 Ma. Un fósil del Cámbrico, recientemente descrito en China, llamado *Yanjiahella biscarpa*, confirma que los ancestros de los equinodermos tenían simetría bilateral y compartían características anatómicas con los hemicordados. Además, puede que *Yanjiahella* sea uno de los más antiguos deuteróstomos descritos hasta ahora. Pero lo que está claro es que los humanos no compartimos una línea ancestral directa con los *Ambulacraria*.

En nuestra calidad de vertebrados, pertenecemos, junto con los subfilos tunicados (o urocordados), y cefalocordados (anfioxo), al filo *Chordata* de los deuteróstomos. Dependiendo de si se consideran datos paleontológicos o el 'reloj molecular'* —que se basa en las diferencias en la secuencia de amino ácidos de algunas proteínas homólogas— la separación de los *Chordata* y los *Ambulacraria* habría ocurrido, respectivamente, entre hace unos 520 y unos 900 Ma. Aunque, como se constata, hay bastantes discrepancias al respecto, se considera que nuestros lejanos ancestros podrían haberse parecido o a los urocordados, o a los cefalocordados. Como veremos en la sección siguiente esta disyuntiva no tiene aún una respuesta clara.

IV. Cordados

Al filo de los cordados se les da ese nombre porque sus miembros poseen una cuerda dorsal o notocorda. De acuerdo con el «reloj molecular»* la separación de sus tres subfilos (cefalocordados, urocordados (tunicados) y vertebrados) dataría de hace unos 750 Ma.

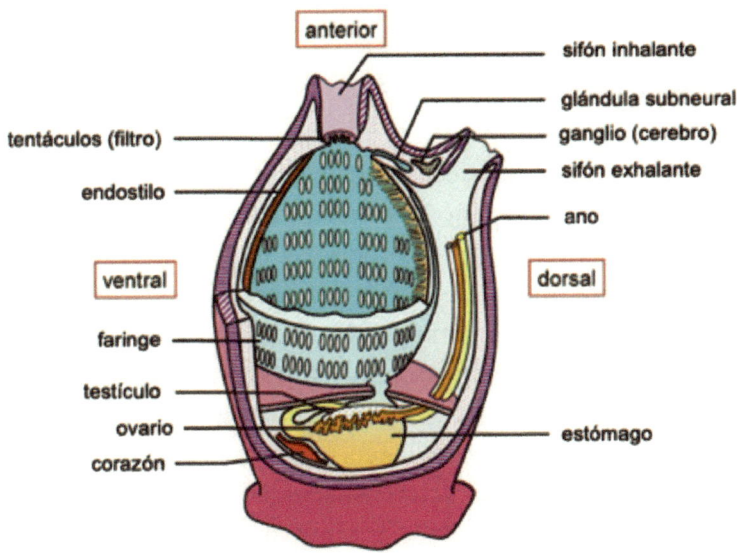

Sifón de mar (*Styela clava*), ascidio perteneciente al subfilo urocordados (tunicados). La pared externa (rosada), compuesta de una sustancia semejante a la celulosa, es la «túnica» que les da su nombre a estos animales. El sifón inhalante constituye la boca y el endostilo, muy rico en yodo, es probablemente la versión del urocordado de nuestra más evolucionada glándula tiroidea. (Adaptado de https://cronodon.com/sitebuilder/images/Tunicate_diagram-742x590.jpg)

Nos puede parecer extraño que a los tunicados, como por ejemplo el piure (*Pyura chilensis*), se les llame urocordados y sean nuestros parientes (muy relativamente) cercanos. La relación queda evidente solamente cuando se observa que sus larvas, que parecen renacuajos, nadan y tienen una cola que posee la mencionada notocorda (de ahí su nombre, uro = cola). Además, estas larvas tienen músculos laterales, un sistema digestivo completo con boca y branquias, un sistema circulatorio, un ojo simple (ocelo) y un otolito* (este último para orientarse con respecto a la gravedad terrestre). El sistema nervioso central en las larvas se caracteriza por su tubo dorsal que se parece al de los cordados. El de los adultos consiste en un cerebro o ganglio dorsal y una glándula subneural que forman el complejo neuronal (figura pág. 35) y pares de nervios anteriores y posteriores, además de un nervio ventro-visceral.

Las larvas de tunicados se alejan de la luz (tienen fotofobia) y se dirigen hacia las profundidades marinas donde se metamorfosean perdiendo la cola y la notocorda. Además, invierten su anatomía de 180°, reorganizan sus órganos internos, y una vez adultos, adoptan una vida sésil bentónica, en el fondo del mar, que puede ser solitaria o en colonia, dependiendo de la especie. Los tunicados son hermafroditas autoestériles -no pueden fecundarse a sí mismos- y la fecundación es normalmente externa -los espermatozoides y óvulos son expulsados por el sifón exhalante-, pero algunas especies son vivíparas. Existe también un tipo de reproducción asexuada por yemas. Aunque muchas de estas características parecen alejarlos de nuestro posible ancestro cordado común, las observaciones mencionadas más arriba muestran que es probable que estemos bastante relacionados.

Los otros candidatos a ser nuestros ancestros directos son los cefalocordados que sí tienen aspectos anatómicos reconocibles en un cordado típico durante toda su existencia. A la versión actual de estos animales, presentes en aguas poco profundas tropicales y templadas, se le llama anfioxo («dos puntas») o lanceta, por su forma alargada, parecida a la de una anguila. En general, pasan desapercibidos porque son pequeños (entre 5 y 7 cm de largo) y están la mayor parte del tiempo enterrados en la arena. Su nervio dorsal está reforzado por una notocorda; a su faringe la atraviesan una centena de hendiduras branquiales, que el animal usa para extraer partículas nutritivas del agua; sus músculos forman bloques en «V», llamados miómeros, y poseen una aleta post-anal, o caudal (figura pág. 37).

Todas estas características son compartidas con los vertebrados. Sin embargo, los anfioxos carecen de otras propiedades de estos últimos, tales como tener un cerebro, órganos sensoriales desarrollados y vértebras óseas. Tampoco tienen corazón. El líquido circulatorio, que no contiene pigmentos que fijen O_2, se oxigena por difusión pasiva en las hendiduras faríngeas. En la parte dorsal existe otro sistema sensorial que detecta la luz a través de una mancha pigmentaria. Además, el anfioxo posee neuronas quimiorreceptoras que cubren toda su epidermis. La reproducción es sexual, con sexos físicamente separados.

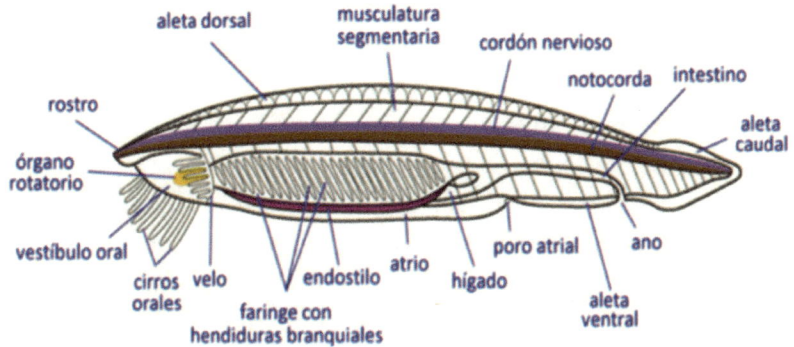

Anatomía y metabolismo del anfioxo. El agua con partículas alimenticias es filtrada por los cirros orales y penetra en el vestíbulo oral atraída por el movimiento del órgano rotatorio. Luego atraviesa las hendiduras branquiales que se encuentran en el atrio y sale de esta cavidad por el poro atrial. Las partículas retenidas en las branquias son enseguida digeridas por enzimas intracelulares secretadas por el hígado. Los anfioxos tienen un sistema circulatorio bien desarrollado y excretan los desechos metabólicos a través de un par de estructuras equivalentes a nuestros riñones, llamadas nefridios (no indicados en la figura). (https://www.researchgate.net/publication/265384777_Practicas_de_Zoologia_Estudio_y_diversidad_de_Tunicados_Cefalocordados_y_Vertebrados_peces_Diseccion_de_la_trucha/figures?lo=1)

Dado que estos animales no tienen partes duras, sus fósiles son rarísimos. Sin embargo, se ha postulado que un fósil de principios del Cámbrico del sur de China (-540 Ma), llamado *Yunnanozoon*, pertenece a un cefalocordado. Si es así, representaría, desde un punto de vista paleontológico, a un cordado aparecido muy temprano en la historia del reino animal y reforzaría la idea de que los vertebrados descienden (descendemos) de un ancestro similar a los cefalocordados actuales.

¿Cómo decidir a cuál de estos dos grupos, urocordados o cefalocordados, perteneció nuestro ancestro directo? Una comparación interesante es la de la circulación sanguínea. Aunque como ya vimos el anfioxo no tiene corazón, posee vasos peristálticos de músculo liso en cuatro zonas de su sistema circulatorio que se contraen y hacen circular su sangre por todo el cuerpo. Los tunicados sí que tienen un corazón rudimentario (figura del sifón de mar pág. 35) compuesto de una bomba peristáltica de músculo estriado envuelta en una membrana llamada pericardio y su corazón y sistema centralizado es similar al de los vertebrados. Pero, a diferencia de estos últimos, y también del anfioxo, los tunicados tienen una circulación compleja, que se invierte frecuentemente de dirección, y donde la hemolinfa* bombeada por el corazón se vierte en una gran cavidad llamada hemocele. Además, como veremos en la parte **B** de este libro, el corazón de los vertebrados es bastante más complejo, con cuatro cavidades (dos aurículas y dos ventrículos) especializadas en regular la entrada y salida de la sangre.

Una interpretación posible de la relación entre estos sistemas circulatorios es que el ancestro de todos los cordados tenía un corazón parecido al de los tunicados que evolucionó diferentemente en cada grupo: los tunicados lo conservaron, los cefalocordados lo simplificaron y los vertebrados lo complicaron. Una explicación alternativa de estas observaciones es que los tunicados son el grupo hermano de los vertebrados y que el sistema circulatorio del anfioxo es más primitivo (figura pág. 37). La verdad es que, si se considera solamente la evolución del sistema circulatorio, es muy difícil favorecer una u otra hipótesis; por un lado, los urocordados tienen una bomba peristáltica que puede compararse al corazón de los vertebrados, y un sistema circulatorio centralizado como ellos y, por otro lado, los cefalocordados, aunque no tienen corazón, poseen un sistema vascular cerrado que se parece al de los vertebrados.

Un estudio reciente basado en más de 1 500 genes ortólogos* de 53 metazoos favorece la segunda opción en la figura y ubica a los cefalocordados como los cordados más ancestrales conocidos, y a los tunicados y vertebrados como subfilos hermanos colectivamente llamados «olfactores*». Este término, que viene del latín «olfactus» (olfato), se refiere a la existencia de la faringe, que incluye la respiración, y también a la de órganos sensoriales olfativos especializados que no existen en el anfioxo.

En todo caso, como veremos en la sección siguiente, es posible que el problema sea más bien saber si los vertebrados son (somos) un subfilo de los cordados, como ha sido el consenso desde 1878, o si se debe considerarlos un filo aparte.

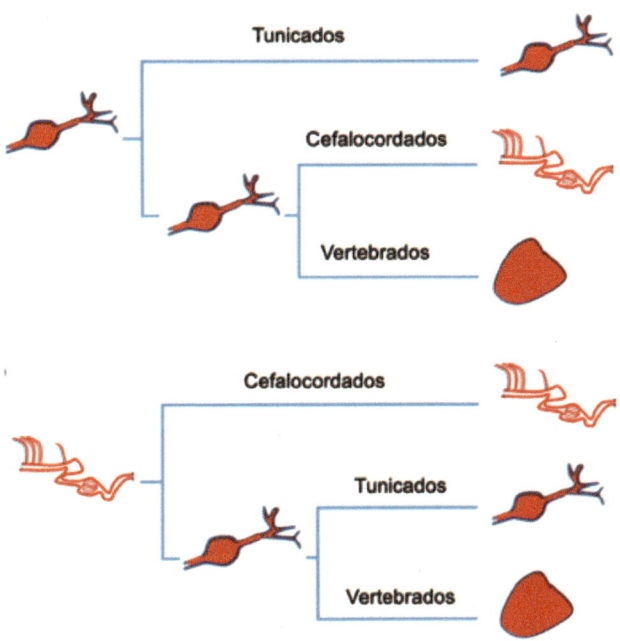

Dos de las evoluciones posibles del mecanismo de circulación en los cordados. Arriba: el ancestro tenía una bomba (continúa detrás)

peristáltica como la de los tunicados que evolucionó para formar el corazón de los vertebrados y se simplificó, formando cuatro vasos peristálticos dispersos en el caso de los cefalo-cordados. Los tunicados la conservaron. Abajo: el ancestro tenía vasos peristálticos que evolucionaron formando el corazón rudimentario de los tunicados y el más complejo de los vertebrados. El anfioxo los conservó.

V. VERTEBRADOS.

Como su nombre lo indica, los vertebrados poseen vértebras, y, por extensión, un esqueleto. Uno de los primeros fósiles que sería de un vertebrado, llamado *Myllokunmingia*, se encontró en China y data de hace unos 520 Ma. La ausencia de biomineralización* sugiere que tenía un esqueleto cartilaginoso. Se distinguen su cabeza (cráneo) y tronco, una aleta dorsal en forma de vela y dos aletas ventrales más posteriores. Se observan también miómeros y ranuras branquiales (figura). *Myllokunmingia* tenía también una notocorda, una faringe y un tracto digestivo. La posición de la boca no es evidente en el fósil.

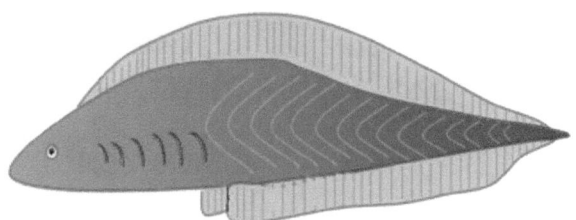

Reconstrucción del *Myllokunmingia fengjiaoa* a partir de su fósil. (Basado en «Public Domain, https://commons.wikimedia.org/w/index.php?curid=7194138»).

También se han descrito otros dos fósiles similares del mismo estrato chino, llamados *Haikouichthys* y *Haikouella*. Se supone que estas tres especies podrían corresponder a los primeros peces, aunque esta denominación no ha sido completamente aceptada. Todos estos animales son pequeños (apenas unos pocos centímetros de largo) y agnatos (carecen de mandíbula). Este problema se discutirá con más detalle en la parte **B** del libro.

Una característica única de los vertebrados es haber duplicado durante su evolución todo su genoma* por lo menos dos veces (probablemente por un accidente ligado a la transmisión genética entre generaciones sucesivas). Este fenómeno tuvo sobre todo un efecto determinante sobre los genes *Hox*, a los que ya nos hemos referido brevemente. Para poder continuar la descripción de la evolución de los vertebrados será necesario hacer una digresión y discutir las propiedades de estos genes *Hox*, que se encuentran en una región llamada «homeobox». Esta región codifica la secuencia de moléculas proteicas que se fijan en regiones específicas del ADN y controlan la expresión de otros genes (es decir, la producción de proteínas que catalizan, por ejemplo, reacciones metabólicas o forman tejidos). En cierto modo, los genes homeobox son como el entrenador de un equipo de fútbol que determina la estrategia del partido, y los otros genes (cuyos productos son funcionales o estructurales) son equivalentes a los jugadores que la ejecutan (si pueden).

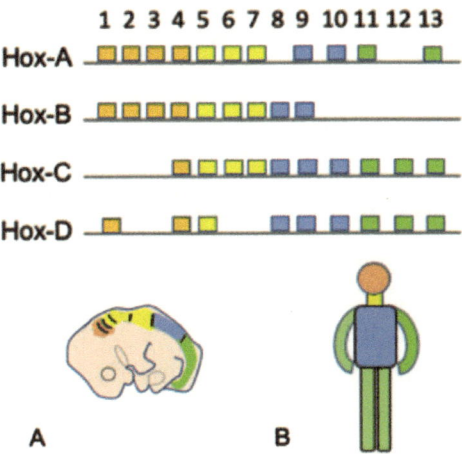

Los 4 conglomerados de genes *Hox* generalmente presentes en los cromosomas* de los vertebrados (en este caso humanos). Los colores indican la región en que el producto proteico regulador de cada gen interviene en el embrión (**A**) y el resultado final en el adulto (**B**).

En la mayoría de los genomas de los bilaterales los genes *Hox* del homeobox forman un conglomerado cuya expresión muestra una «colinealidad espacio-temporal». Es decir, los genes situados en un extremo del ADN modelan la parte anterior («la cabeza») del embrión y se expresan primero, y los que se encuentran en el otro extremo modelan su parte posterior («la cola») y se expresan más tarde (figura pág. 41).

Los cefalocordados tienen el conglomerado *Hox* más simple y prototípico de los deuteróstomos, con 12 genes, que no ha variado desde que se separaron del (pre-)cordado ancestral. Algo similar ocurre con los hemicordados que puede que estén filogenéticamente más cerca que los equinodermos del ancestro común de los ambulacros. De hecho, en los equinodermos se observa una redistribución de genes *Hox* que puede relacionarse con su simetría pentaradial. El caso de los tunicados es interesante porque la organización de estos genes también es atípica. Sin embargo, la colinealidad espacio-temporal se ha conservado.

A la diferencia de estos deuteróstomos invertebrados, casi todos los vertebrados tienen 4 conglomerados de genes *Hox* (figura pág. 41), lo que se explica por la doble duplicación del genoma mencionada más arriba. Sin embargo, en lugar de tener 48 genes *Hox* (es decir, los 12 del anfioxo x 2 = 24, duplicados de nuevo, 24 x 2 = 48), la mayoría posee alrededor de 40 genes de este tipo. La pérdida selectiva de genes *Hox* en diferentes grupos de vertebrados sirve para identificarlos como si fuera el código de barras de un producto de supermercado.

Una excepción a la regla de los 4 grupos de genes *Hox* en vertebrados es el salmón atlántico que tiene 13 (y 118 genes *Hox*); lo que implica 4 duplicaciones del genoma durante su evolución. El caso del pez bruja (o mixino) y la lamprea, que son peces agnatos o ciclóstomos —sin mandíbula— también es interesante porque nos da pistas sobre cuando debieron ocurrir las dos duplicaciones genómicas. El pez bruja tiene 33 genes *Hox*, menos de lo esperado, pero ha conservado la linealidad temporal de la expresión de esos genes. El registro fósil muestra que morfológicamente ha cambiado muy poco en los últimos 300 Ma. Aunque tiene cráneo, carece de columna vertebral y solo posee vértebras rudimentarias. Además, es atípico porque, enterrado en el lodo, puede resistir sin problemas la falta de oxígeno y no comer durante meses. Se ha especulado mucho sobre su origen: o representa una etapa evolutiva anterior a la aparición de la columna vertebral, o se trata de un tipo degenerado de «vertebrado-pez» que la perdió rápidamente durante su evolución. Datos recientes provenientes del secuenciado de su ADN, favorecen esta última opción (se trataría de otro caso de «simplificación secundaria»*).

Por su parte, la lamprea muestra una modificación genética única durante la formación de su embrión, que reduce el tamaño del genoma en sus células somáticas (corporales). En el adulto hay 6 conglomerados de genes *Hox*, bastantes menos de los que caracterizan a otros peces. Además de no tener mandíbula, la lamprea comparte con el pez bruja la ausencia de huesos y escamas y la presencia de vértebras rudimentarias cartilaginosas.

La duplicación sucesiva del genoma, que probablemente ocurrió en el ancestro de todos los vertebrados, permitió la diversificación morfológica y fisiológica de estos animales gracias a la duplicación concomitante de los genes *Hox*. Así, el conglomerado duplicado de estos genes pudo haber evolucionado para cumplir otras funciones de regulación funcional y morfológica. Un caso simple que ilustra este tipo de proceso, sin tener las mismas consecuencias, es la duplicación de un gen producida, sea por un error en la replicación del ADN correspondiente, o durante la recombinación entre cromosomas*. Por ejemplo, la lamprea tiene un solo tipo de globina (proteína transportadora de oxígeno en los glóbulos rojos), codificada por un solo gen, mientras que los mamíferos poseen 4 globinas codificadas por 4 genes distintos. Dado que todas las globinas tienen secuencias de amino ácidos y estructuras tridimensionales muy parecidas, en los mamíferos estos cuatro genes resultaron, muy probablemente, de dos duplicaciones génicas sucesivas durante su evolución. Otro ejemplo, quizá más pertinente, es el de una vía metabólica típica, la glucólisis (degradación celular de la glucosa); varias enzimas proteicas de esta vía, que catalizan reacciones sucesivas, tienen estructuras tridimensionales muy parecidas. No es difícil imaginar que después de la duplicación del gen de una de estas enzimas, la nueva copia haya podido evolucionar para transformar el producto de la reacción original en su propio sustrato (ya que, por definición, el sitio catalítico de la proteína original reconocía a ese producto). En este caso, la duplicación génica libera a la copia resultante, que no necesita codificar una proteína que cumpla con la misma función, ya que esa va continuar a efectuarla la proteína codificada por el gen original.

Es posible que el grupo duplicado de genes *Hox*, aparecido repentinamente y con posibilidades de evolucionar, haya seguido esta última vía con consecuencias bastante dramáticas. Así, la formación de una cabeza claramente definida, de mandíbulas, y de los sistemas nervioso central, inmune adaptativo y hormonal, podría no haber sido tan gradual, sino que relativamente muy rápida de un punto de vista paleontológico. Una evidencia clara de esta posibilidad es el papel, regulado por genes homeobox, que juegan las células de la llamada cresta neural* en la formación de estructuras específicas de vertebrados: la frente de la caja craneana, nervios craneales (que salen directamente del cerebro), pigmentos, arcos branquiales o faríngeos y mandíbulas. Además, como veremos en la parte B del libro, estas células intervienen en la formación de los ojos, y de cápsulas (cavidades) intracraneales que alojan órganos del olfato y el oído. Todas estas diferencias con los otros grupos de cordados, los cefalocordados y urocordados, han llevado a algunos investigadores a proponer que los vertebrados no sean clasificados como un subfilo de los cordados, sino que como un filo aparte.

A continuación, vamos a discutir la aparición de la mandíbula, que está íntimamente ligada a la formación del cráneo de los vertebrados.

VI. GNATÓSTOMOS («CON MANDÍBULAS»)

Como acabamos de ver, la cresta neural, que es resultado probable de la doble duplicación del genoma (especialmente relevante la de los genes *Hox*) en un ancestro de los vertebrados, interviene de manera crucial en la formación de estructuras llamadas arcos branquiales y las mandíbulas en los animales que las poseen (los gnatóstomos). Un fósil interesante en este contexto es el de *Metaspriggina*, considerado como un cordado primitivo que vivió en el período Cámbrico, hace 505 Ma. Este animal tenía una serie de pares de arcos branquiales en su parte delantera —el más antiguo conocido hasta ahora que tenga esas estructuras—. El primer par frontal es más grueso que los demás, lo que revela, desde ya, la existencia de un proceso evolutivo conducente a la formación de mandíbulas. De hecho, sabemos que ese par se transformó en las mandíbulas superiores e inferiores de los vertebrados y también que el segundo par derivó en el arco hioideo que —en los mamíferos— origina elementos del esqueleto, por ejemplo, el estribo, huesecillo del oído, y partes del hueso hioideo que se conecta con la lengua, además de varios músculos.

Los primeros animales con mandíbulas claramente definidas fueron los peces acorazados pertenecientes a la clase placodermos que aparecieron a finales del período Silúrico hace 440 Ma. Sin embargo, esas mandíbulas no se parecen a las de los animales actuales y hasta hace poco no estaba claro cual había sido su evolución. El reciente descubrimiento en China del fósil de un pez llamado *Qilinyou*, que vivió hace 425 Ma, ha esclarecido bastante este problema porque se trata de una especie que muestra unas mandíbulas «transicionales», intermedias entre las de los placodermos y las de los peces óseos (osteíctios) actuales. Aunque su mandíbula inferior solo tiene un hueso afilado curvo y se parece más a la de los placodermos típicos, su mandíbula superior tiene huesos equivalentes a los que se encuentran en animales más evolucionados, incluso en los mamíferos. Otro fósil de pez de ese período es *Entelognathus* («mandíbula completa»), también de China, que muestra, sin lugar a dudas, que todos los peces modernos descienden de los placodermos. *Entelognathus*, que existió hace 419 Ma, es un verdadero «eslabón perdido»: tiene la cabeza y parte delantera de su cuerpo cubiertas de placas óseas, como en un placodermo, pero su mandíbula inferior está compuesta de varios huesos (llamados «dermales»), como en los osteíctios. De hecho, esa mandíbula posee un hueso «dentario» que es el mismo que no solamente se encuentra en peces óseos, sino que también en anfibios, reptiles y mamíferos.

En resumen, *Entelognathus* nos conecta directamente con los placodermos, que no solo fueron los primeros vertebrados que tuvieron mandíbulas, sino que, además, poseían un par de extremidades traseras, oídos internos complejos, placas óseas para proteger el cerebro, y órganos genitales externos.

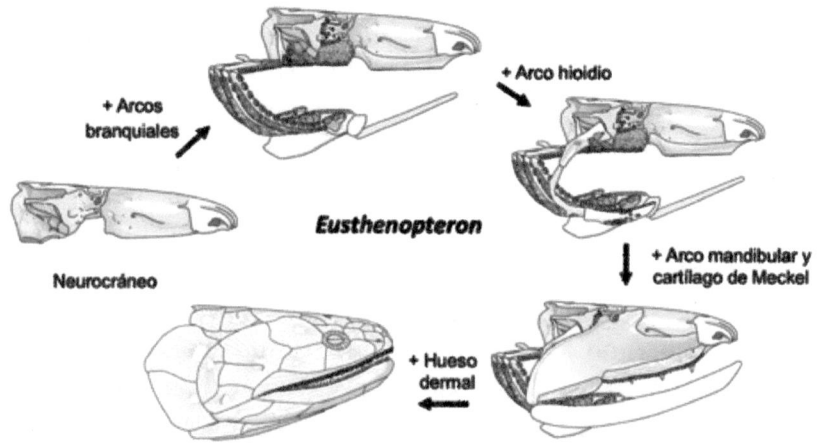

Distintos componentes del cráneo del pez con aletas lobuladas *Eusthenopteron*. El arco mandibular y el cartílago de Meckel se originan en el primer arco branquial. (Adaptado de https://www.geol.umd.edu/~jmerck/geol431/lectures/06gnathostomata.html).

La figura muestra imágenes que ensamblan, por etapas, la estructura del cráneo del pez extinto *Eusthenopteron* («aleta robusta») *foordi* que vivió en el período Devónico, hace 385 Ma. De un punto de vista anatómico, este animal, perteneciente al clado de los peces con aletas lobuladas o carnosas (*Sarcopterygii*), compartía muchas características con los primeros tetrápodos, es decir, con animales con cuatro extremidades bien definidas (ver la sección siguiente). Su cráneo se dividía en dos partes, con una «bisagra» al medio formada por una «juntura intracraneal» que, aparentemente, determinaba la fuerza de la mordida de este pez y, por ende, su probabilidad de atrapar y conservar a una presa. Es interesante constatar que, con la modificación anatómica del cráneo y la pérdida de movilidad de la juntura intracraneal, la fuerza de la mordida disminuyó en varias especies de peces, y que este problema pudieron haberlo tenido también los primeros tetrápodos que descendieron de ellos.

Pero, en primer lugar ¿cuál fue la ventaja selectiva de desarrollar mandíbulas? Aunque intuitivamente podemos pensar que mejoró la forma de alimentarse, parece que, en realidad, lo que inicialmente hizo fue aumentar el rendimiento de la respiración. Aún hoy en día, a falta de diafragma, peces y anfibios «respiran con sus mejillas», bombeando agua hacia las agallas, o aire hacia los pulmones, respectivamente. La utilización que nos es familiar de las mandíbulas (y los dientes) para morder, despedazar y mascar habría aparecido selectivamente más tarde porque, obviamente, cumple una función muy importante para la supervivencia de los vertebrados. La fuerza de la mordida de diferentes animales es también muy diferente. El récord se lo lleva el cocodrilo con 16 460 néwtones*. Los humanos tenemos una mordida muy débil de solo 890 néwtones, probablemente porque, como veremos más adelante, y desde hace cientos de miles de años, hemos consumido, sobre todo, alimentos reblandecidos por la cocción.

De un punto de vista estrictamente mecánico, las mandíbulas no son un instrumento óptimo. Si las hubiera diseñado un ingeniero, en lugar de utilizar un sistema de «pinzas», con los músculos cerca de la articulación y los dientes en los extremos, habría concebido una especie de «cascanueces», con los músculos en un extremo, los dientes ubicados más o menos al medio y la articulación en el otro extremo (figura pág. 48). Es un ejemplo más de lo que el científico francés Jacques Monod llamó el «bricolaje» de la evolución: para crear una nueva función solo se puede utilizar lo que está inmediatamente disponible, lo que en términos técnicos actuales se llama exaptación*.

Aunque se había supuesto que *Eusthenopteron*, que tenía pulmones, podría haber salido regularmente del agua y haberse desplazado en tierra firme con sus aletas lobuladas, recientemente los especialistas han descartado esa posibilidad porque esas aletas carecían todavía de la morfología ósea necesaria para poder hacerlo. Sin embargo, otro orden animal, intermediario entre peces y anfibios, que también apareció en el Devónico (-416 a -359 Ma), sí que saldría del agua.

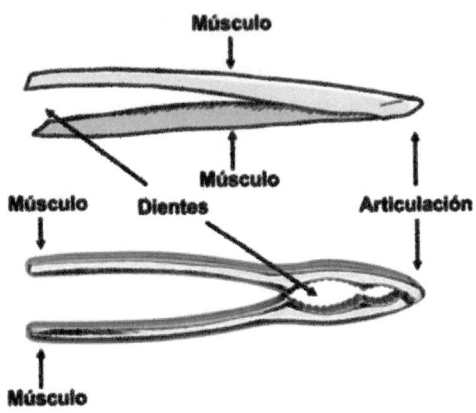

Analogía del funcionamiento de las mandíbulas como «pinzas» (arriba) y la solución mecánicamente más eficaz, pero anatómicamente improbable, de su funcionamiento como «cascanueces». Se indican las equivalencias anatómicas correspondientes.

VII. TETRÁPODOS («4 MIEMBROS»)

Salir del agua representó un paso fundamental hacia nuestra propia evolución. Los primeros que lo hicieron fueron descendientes de peces del clado *Sarcopterygii*. Como ya lo mencionamos, estos animales habían desarrollado aletas lobuladas que, en algunos casos, debieron haberle servido para apoyarse en el fondo de aguas poco profundas. Además, también tenían pulmones, lo que nos puede parecer extraño tratándose de peces. Sin embargo, el primer fósil conocido que muestra evidencias de órganos con forma de saco que podían haberse llenado de aire es el del pez placodermo *Bothriolepis canadensis* del período Devónico, de hace 416 Ma a 360 Ma. Dado que, con sus numerosas placas óseas, los placodermos deben haber sido bastante pesados, es posible que estos órganos les ayudaran sobre todo a flotar. Pero según algunos análisis filogenéticos, también pudieron haberles servido para respirar aire directamente. ¿Cómo se supone que surgió este mecanismo? Lo más probable es que los primeros peces que respiraron aire hayan vivido en lagos poco profundos de regiones cálidas, con escaso oxígeno disuelto en el agua. Algunos peces tropicales actuales respiran el agua superficial más rica en oxígeno cuando la concentración de este gas disminuye demasiado en aguas más profundas.

Se puede especular que el pez del Devónico que haya podido, a la vez, ventilar sus agallas en la superficie del agua y almacenar aire en el interior de su cuerpo, habrá flotado más fácilmente; y, además, pudo haber utilizado ese aire para continuar a oxigenarse eficazmente, una vez sumergido. La ventaja evidente de tener un órgano para almacenar aire sugiere que este pudo haber surgido en distintos grupos de peces ancestrales de manera independiente. En los peces actuales existen dos órganos de este tipo, la vejiga natatoria o de flotación y los pulmones.

Pero respirar aire directamente requiere un mecanismo específico que no tenía por qué existir inicialmente en un pez. En lo que constituiría otro ejemplo de exaptación*, lo más probable es que la respiración aérea haya derivado del movimiento de ventilación de las agallas que existía antes de la aparición de los pulmones, que se originaron a partir de unas bolsas branquiales. La metamorfosis de los batracios es una ilustración actual de este proceso. Durante la transición entre la respiración branquial y pulmonar, estos animales inflan sus pulmones incipientes mediante una modificación de la ventilación branquial; después sus agallas se reabsorben y la musculatura asociada se modifica significativamente. Sin embargo, los nervios originales siguen conectados a sus músculos respiratorios. Además, aunque los anfibios actuales llenan de aire sus pulmones usando el bombeo bucal, el proceso es equivalente, desde el punto neurológico, a la aspiración respiratoria de los mamíferos.

La figura muestra de qué manera los tetrápodos (como nosotros) están emparentados con los peces con aletas lobuladas del clado *Sarcopterygii*:

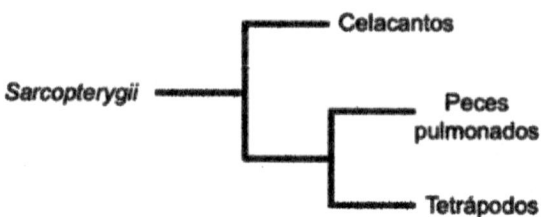

Hasta 1938 se pensó que el celacanto, representante típico del clado *Sarcopterygii*, se había extinguido hace unos 65 Ma; pero ahora se sabe que todavía existen dos especies de este pez en aguas oceánicas profundas, una cerca de la costa este de África y la otra en Indonesia. También hay 6 especies de peces pulmonados del taxón* Dipnoi del mismo clado, todas de agua dulce; una vive en Australia, otra en Sudamérica y las cuatro restantes en África. La especie australiana, bastante distinta de las demás, pertenece a un grupo con fósiles que datan de hace unos 380 Ma. Otros restos de hace 100 Ma son casi idénticos a la especie actual y nos demuestran que este pez pulmonado es un verdadero «fósil viviente». El equivalente sudamericano tiene la característica de ser el único que solamente respira aire y de poseer una articulación entre la aleta pectoral y el hombro que se parece más a la de los vertebrados terrestres que a la de otros peces.

Antes de continuar nuestro periplo tenemos que detenernos un momento para analizar, aunque sea brevemente, a *Tiktaalik roseae*, un fósil muy bien conservado del Ártico canadiense de hace 383 Ma. A *Tiktaalik* («gran pez de aguas bajas» en lengua inuit) se le conoce sobre todo por el excelente libro de Neil Shebin intitulado *Your inner fish* («Tu pez interior»). Se trata de un animal acuático, que poseía aletas y agallas bien formadas pero que también podía respirar aire por bombeo bucal. Dos características principales lo diferencian de sus ancestros: tenía un cuello flexible y un cráneo aplanado, con ojos en su parte superior, dispuestos casi como los de un cocodrilo (figura en la pág. 53). Estas adaptaciones se entienden si se considera que *Tiktaalik*, como sus ancestros inmediatos, vivió en aguas cálidas poco profundas, y sus extremidades frecuentemente tocaban el fondo. Poder mover la cabeza independientemente del resto del cuerpo, en un medio en el que no se puede nadar fácilmente, debió haber tenido varias ventajas: como se trataba muy probablemente de un animal carnívoro, le habría sido más fácil detectar y atrapar una presa, y también poder escapar de depredadores potenciales.

Además, un cuello flexible le habría ayudado a mejorar la ventilación de sus agallas sin tener que desplazarse. El cráneo aplanado y los ojos en su parte superior, también parecen ser adaptaciones a su medio. Efectivamente, a medida que la profundidad del agua en la que el animal se desplaza disminuye, el cráneo estrecho y vertical de un pez típico se hace demasiado conspicuo, lo que no es selectivamente conveniente por las razones que acabamos de enumerar. Y tener ojos laterales en un cráneo aplanado y en aguas poco profundas, tampoco es conveniente. Lo mejor en ese caso es poder ver fuera del agua y, como al cocodrilo mucho después, la evolución biológica le dio a *Tiktaalik* esa posibilidad.

El análisis anatómico de las «aletas» de *Tiktaalik*, supuestamente adaptadas para soportar, al menos parcialmente, el peso del animal en aguas bajas, muestra una serie de características óseas compatibles con movimientos de flexión y extensión homólogos a los de los tetrápodos actuales. Este cambio en la propulsión desde la aleta caudal, típica de los peces, hacia las aletas pectorales, que además se transforman en elementos de sustentación, es fundamental en la transición evolutiva hacia los tetrápodos. Queda claro que vivir en aguas poco profundas facilitó enormemente a *Tiktaalik* y a sus parientes y descendientes el acceso a la tierra firme.

Nuestro próximo sujeto de estudio es *Acanthostega gunnari* («techo espinoso»), uno de los primeros vertebrados con miembros y «manos» claramente reconocibles, cuyo fósil, encontrado en Groenlandia, data de hace unos 365 Ma. Cada «mano» de este animal tenía 8 dígitos y carecía de muñeca (en el fósil, los «pies» no están bien definidos). Los hombros y los miembros delanteros eran todavía muy parecidos a los de los peces y, dado que sus codos no podían girar hacia delante, el animal no habría podido soportar su propio peso fuera del agua; en consecuencia, no estaba adaptado para desplazarse en terreno seco. Sin embargo, *Acanthostega* es el primer tetrápodo que muestra un cambio en su modo de locomoción que favorece la acción de la región pélvica sobre la de la región pectoral, gracias a la fusión del hueso sacro con la columna vertebral (figura pág. 53). Esta fusión esquelética facilitará a sus descendientes el poder desplazarse en la tierra firme. Otro cambio interesante de *Acanthostega* con respecto a los peces típicos es la de su dentición. La presencia de dos colmillos en su mandíbula inferior reflejaría la transición hacia una dieta carnívora no acuática (es decir, compuesta de presas capturadas sacando la cabeza del agua, o directamente en la orilla). La misma conclusión se ha sacado al estudiar su cráneo. Tal como *Tiktaalik*, *Acanthostega* vivió sobre todo en el límite entre aguas poco profundas y tierra firme.

Otro fósil interesante del fin del Devónico encontrado en Groenlandia es *Ichthyostega* («techo de pez») que también tenía cuatro miembros y pulmones y que, aunque parece ser un anfibio, no se considera que haya podido pertenecer a ese grupo que «oficialmente» apareció más tarde, durante el período Triásico (hace 250 Ma a 200 Ma). Tampoco se le considera un tetrápodo «confirmado» sino que uno «basal» (figura pág. 53). Sus miembros posteriores tienen «pies» con siete dígitos cada uno y su cráneo es chato con ojos en la parte superior (no hay fósiles de sus «manos»). Era un animal bastante grande —de un metro y medio de largo— y aunque su cráneo es más pisciforme que el de *Acanthostega*, la morfología de sus hombros y caderas, y la robustez de sus costillas y vértebras, sugieren que ya estaba mejor adaptado a una vida terrestre. Sin embargo, sus miembros traseros eran pequeños y es poco probable que hayan podido sostener el cuerpo de un animal adulto fuera del agua. Además, sus miembros delanteros tenían justo la amplitud de movimiento necesaria para levantar el cuerpo y proyectarlo hacia delante, permitiéndole al animal arrastrarse dando saltos pectorales, como lo hace hoy en día una foca sobre la arena de una playa.

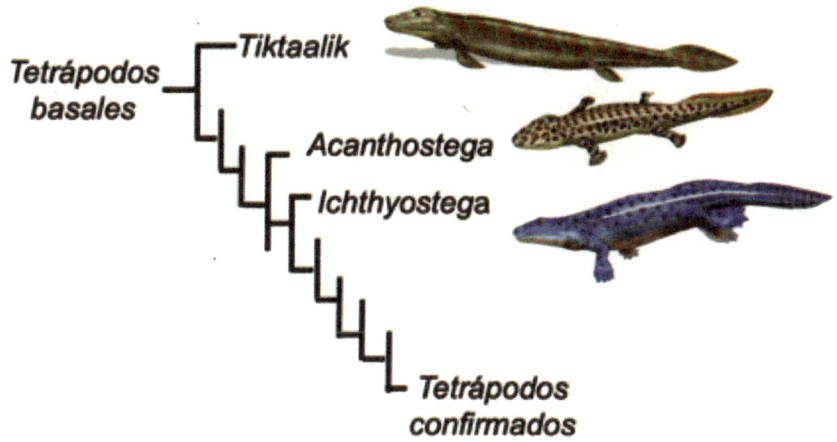

Árbol filogenético muy simplificado que muestra la posición relativa de las especies discutidas en el texto. («Tetrápodos basales» = «*stem-tetrapods*»; «Tetrápodos confirmados» = «*crown-tetrapods*»). Vemos claramente que estas especies no constituyen una progresión lineal única entre peces y tetrápodos. El registro fósil no es lo suficientemente completo como para generar ese tipo de árbol filogenético. Sin embargo, cada rama nos proporciona una muy rica información sobre su evolución. Los colores y diseños sobre la piel de los animales son arbitrarios. (Imágenes de Nobu Tamura: https://commons.wikimedia.org/wiki/File:Tiktaalik_BW_flopped.jpg https://commons.wikimedia.org/w/index.php?curid=19459892; https://commons.wikimedia.org/wiki/File:Acanthostega_BW_%28flipped%29.jpg)

El origen de los anfibios modernos es un tema complejo y muy discutido. Un grupo de proto-anfibios, relacionado con *Ichthyostega*, es *Labyrinthodontia* («dientes laberínticos»), que vivió entre los períodos Paleozoico y Mesozoico (de hace 390 Ma a 150 Ma). Una característica esencial de todos los anfibios actuales, como las salamandras, sapos y ranas, es la metamorfosis, es decir, una transición de la larva al adulto que implica drásticos cambios anatómicos, funcionales y alimentarios. Lo que no está claro es cuando apareció. Los peces con aletas lobuladas actuales (celacantos, peces pulmonados) tienen desarrollo directo —la larva se transforma gradualmente en pez, sin metamorfosis— y es de suponer que lo mismo ocurría con su pariente ancestral *Eusthenopteron*. Tetrápodos basales como *Acanthostega* y *Ichthyostega* probablemente también tenían desarrollo directo porque la forma adulta era todavía fundamentalmente acuática. Dado que los amniotas, con su adaptación a la vida terrestre (ver la sección siguiente), tampoco tienen ni metamorfosis ni larvas, es probable que este proceso complejo haya sido, y sea todavía en los vertebrados, exclusivo de los anfibios.

Aunque estos últimos sean los primeros animales a haber vivido permanentemente en tierra firme en su estado adulto, aún necesitan, como los peces, reproducirse en el agua. Sus huevos, llamados anamnióticos, se componen de una serie de capas gelatinosas que protegen al embrión y una membrana vitelina que lo envuelve. El oxígeno y el anhídrido carbónico pasan a través de estas estructuras y así permiten a los embriones en desarrollo poder respirar. Pero, como carecen de cáscara, los anfibios deben depositar sus huevos en el agua o en un lugar muy húmedo.

Si, como se ha postulado, los *Labyrinthodontia* son los ancestros de todos los vertebrados terrestres (incluidos nosotros), y si esos proto-anfibios metamorfoseaban, ese proceso tiene que haber desaparecido en los ancestros directos de los amniotas. Probablemente uno de estos ancestros es *Tulerpeton* que vivió hace 365 Ma en la Rusia actual.

Durante la mayor parte del período Devónico, la aleta lobulada de animales que vivían entre aguas poco profundas y la orilla —desde *Eusthenopteron* hasta *Ichthyostega* (y el aún más evolucionado

Tulerpeton)— se transformó gradualmente en un miembro mejor adaptado a la locomoción terrestre:

De izquierda a derecha, la evolución de la aleta en «pierna» o «brazo» en *Eusthenopteron*, *Tiktaalik*, *Acanthostega*, *Ichthyostega* y *Tulerpeton*. Con *Acanthostega* aparecen los dígitos claramente diferenciados, que se reducen progresivamente de ocho a seis. (Adaptado de Conty, Dominio público, https://commons.wikimedia.org/w/index.php?curid=8144432).

Con la próxima adaptación crucial, que fue la modificación del huevo —que ya no dependerá de un medio acuático externo para que el embrión pueda desarrollarse— la invasión permanente de la tierra firme por vertebrados se hizo posible.

VIII. Amniotas («huevo o útero»)

Como lo vimos en la sección anterior, es probable que los primeros amniotas fueran descendientes de los proto-anfibios *Labyrinthodontia*. En ese caso, un cambio evolutivo fundamental fue el de la estructura de sus huevos.

En el huevo de los amniotas, que cumple su función reproductora fuera del agua, el embrión se encuentra suspendido en un fluido, el líquido amniótico, y está envuelto por una membrana, el amnios (figura pág. 56). Hacia el exterior se encuentran el corion que engloba al alantoides —una estructura que permite la evacuación de desechos y el intercambio de oxígeno y anhídrido carbónico con el exterior a través de una cáscara solida— y la yema (o saco vitelino) que nutre al embrión. Entre el corion y la cáscara existe una cámara de aire y también se encuentra la albúmina (o clara).

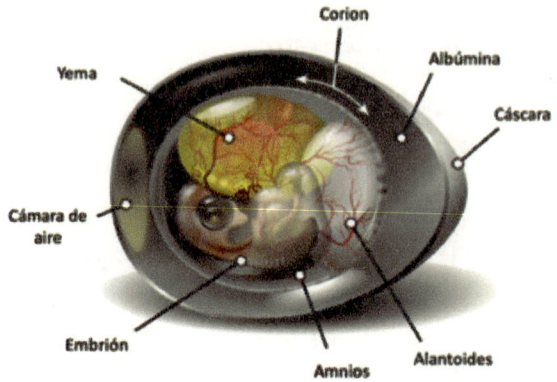

Huevo de amniota. (Adaptado de https://upload.wikimedia.
org/wikipedia/commons/thumb/2/20/Chicken_egg_diagram.
svg/1280px-Chicken_egg_diagram.svg.png).

Gracias a este huevo sofisticado, los primeros amniotas tuvieron la
posibilidad de ocupar hábitats tierra adentro, inaccesibles para los
anfibios. Además, eran capaces de proteger sus huevos escondién-
dolos, algo que un anfibio no habría podido hacer fácilmente. Poder
aventurarse hacia al interior de islas y continentes también permitió a los amniotas acceder a nuevas fuentes de alimentos: plantas
terrestres y sobre todo insectos, que habían ocupado la tierra firme
desde hacía ya unos 100 Ma.

Pero no todo sería tan fácil. La mayoría de los anfibios practica
la fertilización externa. La hembra deposita una gran cantidad de
huevos en el agua y el macho eyecta sus espermios sobre ellos y
los fertiliza. Pero este método es inoperante una vez fuera del agua
porque la cáscara del huevo de un amniota es impermeable a los
espermios. La solución obvia es fertilizarlo antes de que se forme
la cáscara, lo que implica la evolución de un órgano en el macho
que permita su «intromisión» al interior del cuerpo de la hembra
para depositar los espermios cerca de los óvulos, aún desprovistos
de cáscara, y fertilizarlos. De esta manera, la hembra pondrá huevos
con toda la información genética necesaria para reproducirse. Aunque ya habia existido en peces ancestrales, este tipo de fecundación
interna por copulación fue un paso más hacia una nueva forma de
vida fuera del agua.

La presión evolutiva también hizo que los primeros amniotas terrestres desarrollaran escamas para evitar la deshidratación que habrían sufrido si hubieran conservado la piel lisa y desprotegida de un anfibio. A estos animales les llamamos reptiles. El primer animal del que no hay duda que fue un reptil es *Hylonomus* («habitante del bosque»), cuyo fósil, descubierto en Canadá, data de hace unos 315 Ma (período Carbonífero tardío). Era un animal pequeño, de unos 25 cm de largo, con una dentición adaptada para comer insectos y probablemente se parecía a una lagartija. Además, es el primer animal conocido que se haya adaptado completamente a la vida terrestre.

Hoy en día existen cuatro variedades de reptiles: tortugas, serpientes y lagartijas, cocodrilos y tuataras (los que solo se encuentran en Nueva Zelandia). De un punto de vista evolutivo, estos animales parecen haber divergido en función del número de fosas, o fenestraciones, presentes en sus cráneos, aunque, como en otros casos, el tema no está elucidado definitivamente.

Los anápsidos y diápsidos (figura) pertenecen a la clase de los saurópsidos. Los primeros no tendrían representantes actuales. Aunque algunos autores consideran que las tortugas pertenecen a ese grupo, otros concluyen que la forma de su cráneo sin fosa es producto de la evolución convergente de un ancestro diápsido; el anápsido prototípico *Procolophon pricei* se extinguió durante la evolución de los dinosaurios. Los diápsidos incluyen a los extinguidos ictiosaurios y plesiosaurios (reptiles acuáticos), pterosaurios (reptiles voladores) y dinosaurios; y a los actuales lagartos, serpientes, cocodrilos, aves y -según la mayoría- tortugas.

Cráneos de reptiles, **A**, anápsidos, («sin bóveda») **B**, sinápsidos («arco fusionado») y **C**, diápsidos («dos bóvedas»). (https://upload.wikimedia.org/wikipedia/commons/thumb/4/41/Skull_comparison.png/220px-Skull_comparison.png).

La clase de los sinápsidos, que incluye a los mamíferos, también engloba a los que se ha llamado «reptiles mamiferoides» (semejantes a los mamíferos), aparecidos hace unos 320 Ma. Los más basales de esta clase se parecían a los primeros reptiles como, por ejemplo, *Dimetrodon*, que además tenía una vela dorsal.

Dimetrodon («dientes de dos tamaños») es un sinápsido basal de nuestra clase que, sin embargo, no pertenece a nuestro linaje. (dmitrchel@mail.ru - Trabajo propio, Dominio público, https://commons.wikimedia.org/w/index.php?curid=3676724).

Es probable que la función de esa vela haya sido regular la temperatura corporal o, en los machos, atraer a las hembras; al comparar dos fósiles de este animal se ha postulado que existía un dimorfismo sexual. Los mamiferoides, aunque carecían de escamas, parecían más bien lagartos desnudos. Sin embargo, la estructura de su mandíbula y del paladar, y la disposición vertical de sus miembros, eran ya características de un mamífero.

IX. MAMÍFEROS

La clase mamíferos se divide en dos subclases: Prototeria y Teria y esta última en dos infraclases, Metateria y Euteria. Lo que define a los mamíferos es la evolución de glándulas mamarias capaces de secretar un líquido altamente nutritivo que llamamos leche. La historia de la leche parece sur muy antigua ya que habría aparecido hace unos 310 Ma, antes de la división de los ancestros de los reptiles y aves y los mamíferos. Pero lo que hace a estos últimos incluso más especiales, con una notable excepción, es la desaparición del huevo, con la formación del embrión asociado a un órgano reproductivo llamado placenta que le proporciona directamente el alimento materno en el útero. Lo que parece extraordinario es que la placenta debe su existencia a una proteína, la sincitina, *proveniente de un retrovirus* que se integró en el genoma de un mamífero primitivo hace unos 150 Ma.

¿Y la excepción? Quizás los mamíferos más extraños sean el semiacuático ornitorrinco y los terrestres equidnas, de la subclase Prototeria, también llamados Monotremas («un solo orificio»). Estos animales poseen varias características típicas de los reptiles: ponen huevos, tienen una cloaca (u «orificio») donde confluyen los tractos reproductor, urinario y digestivo y la anatomía de su pelvis que los hace desplazarse como lagartos. Además, el ornitorrinco es uno de los pocos mamíferos venenosos conocidos (sus huevos también lo son); el macho tiene un espolón en cada una de las patas posteriores con los que inyecta su veneno que aunque no es mortal para el ser humano le produce fuertes dolores. El origen de los monotremas no está claro; sin embargo, se piensa que están relacionados con los reptiles mamiferoides. Serían una rama muy antigua que se separó del tronco formado por estos antes de la separación de mamíferos marsupiales (Metateria) y placentarios (Euteria). El fósil más antiguo de un ancestro del ornitorrinco es el de *Steropodon galmani*, de hace más de 100 Ma.

Lo que define a los monotremas como mamíferos es (i) la presencia de pelo, (ii) glándulas mamarias productoras de leche (aunque sin pezones), (iii) un diafragma, (iv) corazón con cuatro cavidades, (v) homeotermia (control de la temperatura corporal), (vi) un solo hueso en la mandíbula inferior y (vii) tres huesecillos en el oído medio. Sin embargo, a la diferencia de otros mamíferos, los monotremas poseen un sentido único en la piel que cubre el hocico, llamado electrorecepción. Gracias a él estos animales registran las corrientes eléctricas muy débiles generadas por la actividad muscular de las posibles presas, lo que les permite detectarlas en zonas oscuras. Este sentido está mucho más desarrollado en el acuático ornitorrinco, que vive en un medio donde la electricidad se transmite eficazmente, que en el terrestre echidna.

Aunque la secuenciación del genoma del ornitorrinco ha revelado que contiene genes de tipo reptil y aviario, el 80% de ellos son de tipo mamífero. Cuando los primeros ornitorrincos fueron llevados desde Australia a Europa, los especialistas pensaron que se trataba de un montaje. Y es que estos animales parecen una especie de mosaico, con una cola como la de los castores, un pico de pato y patas de nutria (figura).

Ornitorrinco. (Nabu Tamura: https://twitter.com/paleofan/status/578006052123230209?lang=zh-Hant)

Aunque frecuentemente se divide a los mamíferos de la subclase Teria en marsupiales y placentarios, justamente por tener o no una placenta, en realidad esa distinción es errónea. Los marsupiales sí que tienen placenta, lo que pasa es que es rudimentaria y aparece tardíamente durante la gestación. Esto se explica, por ejemplo, porque el embarazo de una mamá canguro marsupial solo dura entre 21 y 38 días. Después de ese período y en un viaje realmente arriesgado y extraordinario, la cría, que típicamente mide entre 5 y 25 milímetros, sale de una de las dos vaginas de su madre y se desplaza, aferrándose como puede con sus patitas delanteras, hasta el marsupio o bolsa ventral. Una vez allí, podrá mamar hasta desarrollarse completamente, un proceso que puede tardar hasta un año dependiendo de la especie.

Lo que hasta hace poco no estaba claro es cómo substituyen los marsupiales el aporte fundamental que la placenta hace en etapas más avanzadas del embarazo en Euterios (o «placentarios») como nosotros. Recientemente, investigadores estadounidenses y australianos han determinado que muchos de los genes necesarios para el desarrollo fetal -que en Euterios se expresan en la placenta- en los marsupiales están presentes en las glándulas mamarias de su bolsa ventral; es decir, en ellos *la leche remplaza a la placenta*. Además, el sistema es tan sofisticado que cada una de estas glándulas mamarias puede producir una leche de composición diferente. Así, la mamá canguro es capaz de alimentar simultáneamente a bebés de distintas edades. El efecto de las diferentes leches es dramático: por ejemplo, si se pone a un bebé recién nacido en el marsupio de una madre canguro que estaba criando a uno mayor, al mamar allí ese bebé engordará más, su cabeza aumentará más de tamaño y su pelaje será más espeso que el de otros bebés de su misma edad privados de ese tratamiento. Aunque no se sabe exactamente a qué se debe la aparición de la bolsa ventral, una hipótesis es que facilitó el desplazamiento de la madre con un bebe aún poco desarrollado en ciertos ecosistemas complejos.

En los Euterios la placenta juega un papel mucho más importante. Es un órgano compuesto de una parte fetal y de otra materna, que regula muy eficazmente los intercambios de oxígeno y anhídrido carbónico y de nutrientes y desechos entre los sistemas circulatorios del feto y de la madre. La placenta también metaboliza varias substancias y protege al feto de xenobióticos (moléculas sintéticas posiblemente tóxicas), infecciones y enfermedades maternales. Además, secreta hormonas en los dos sistemas circulatorios, las que regulan el embarazo, el crecimiento fetal y el parto.

A la excepción de los cetáceos (ballenas, delfines), los sirénidos (focas y morsas), los camélidos (camellos, dromedarios, guanacos, vicuñas, alpacas y llamas) y nuestra propia especie, la mayor parte de las hembras de Euterios se comen la placenta después del parto, lo que se llama placentofagia. Se ha postulado, sin evidencia, que esta conducta serviría para eliminar los indicios del parto, que podrían atraer depredadores; o a devolverle a la madre algunos de los nutrientes que usó para generar la placenta. Otra hipótesis propone que comérsela tendría un efecto analgésico para la parturienta, como se ha descrito en ratas. Sin embargo, a pesar de que las placentas de delfines y humanos también tienen poderes analgésicos demostrados, estos mamíferos normalmente no se las comen. En resumen, por ahora la placentofagia no tiene una explicación biológica clara.

Lo que sí queda claro es que la placenta humana ha sido utilizada como remedio por varias culturas en África, Asia y Oceanía. En la medicina china tradicional se ha usado para tratar anemias, problemas hepáticos y renales y la infertilidad. Sin embargo, no hay evidencia de su administración a la madre. Sorprendentemente, desde hace algunos años, algunas medicinas alternativas occidentales recomiendan a las madres que consuman su placenta ya que aliviaría el dolor y la depresión postparto y ayudaría a la producción de leche. En realidad, para los humanos comerse la placenta representa varios riesgos, tales como contagios virales y la posible acumulación de toxinas descrita más arriba.

X. Primates

Los primeros miembros del orden *Primates* aparecieron al final del período Cretácico, hace unos 65 Ma (figura), época que también marcó la desaparición de los dinosaurios. Sus transformaciones anatómicas con respecto a sus ancestros terrestres corresponden sobre todo a adaptaciones a una vida arborícola y, además, en varios casos, a la braquiación*: manos hábiles con uñas en vez de garras, visión en colores y estereoscópica, y un gran cerebro.

Plesiadapis, considerado como un ancestro de los primates, vivió entre hace 65 y 55 Ma. («Nobu Tamura (http://spinops. blogspot.com). Trabajo propio, CC BY-SA 3.0, https://commons.wikimedia.org/w/index.php?curid=19460197»)

Los primates se dividen en dos subórdenes llamados estrepsirrinos («nariz torcida») y haplorrinos («nariz simple»). Los primeros incluyen a los lémures y loris y los segundos a tarseros, monos, simios y humanos. Además, los haplorrinos (infraorden Antropoides o Simiiformes), con la exclusión de los tarseros, se dividen en catirrinos («nariz hacia abajo») del viejo mundo y platirrinos («nariz ancha») (figura pág. 65). A diferencia de los catirrinos, los platirrinos están dotados de colas largas que frecuentemente utilizan como una extremidad más, como los famosos monos araña. Estos últimos habrían migrado de África a América hace unos 40 Ma. Por cierto, el diente fósil de un primate encontrado en Perú, con una antigüedad de 35 Ma es prácticamente idéntico al de un fósil del Eoceno (hace de 56 Ma a 34 Ma) de Libia. Llamado *Perupithecus ucayaliensis* («mono peruano de Ucayali»), se trataría de un platirrino primitivo con ancestros norteafricanos cercanos.

Dado que se estima que en esa época la distancia más corta entre los dos continentes era de unos 900 km, se ha especulado sobre como esos monos pudieron haber atravesado el océano Atlántico. Una posibilidad sería la existencia de una serie de islas que habrían servido de bases transitorias durante la travesía (el nivel del océano Atlántico era más bajo en ese período, el Oligoceno). Así, los primates pudieron haber viajado en especies de balsas vegetales producidas por tormentas tropicales. Dado que en algunos casos se ha constatado que esas estructuras incluyen árboles —lo que habría permitido que los animales ahí atrapados pudieran alimentarse— la travesía pudo incluso haberse realizado directamente.

Si nos interesamos en nuestros origines habrá que concentrarse en los catirrinos del viejo mundo puesto que a partir de sus ancestros evolucionaron los nuestros, hace unos 25 Ma (figura pág. 65). Los catirrinos se dividen en animales con cola (Cercopitecos) y sin ella (Hominoides). Esta distinción anatómica ha generado una confusión del significado de «mono» y «simio» en castellano. Para algunos, todos los antropoides con cola son «monos» y los que no la tienen son «simios» (esta diferencia se identifica con las palabras inglesas «monkeys» y «apes», respectivamente). Para otros, mono y simio son sinónimos. En francés, se usa la palabra «singe» para designar a un «mono» y «grand singe» para describir a un «simio». Esta diferencia también se ha filtrado al castellano y es bastante corriente que se aluda a «grandes simios» cuando se habla de gorilas, orangutanes, chimpancés y bonobos (la excepción parece ser el gibón, que, por ser más pequeño, a veces se define como «simio menor»). Lo más simple sería generalizar el uso de «mono» para designar a todos los antropoides con cola y de «simio» para los que no la tienen (lo que le daría un mayor valor semántico a estos términos en castellano).

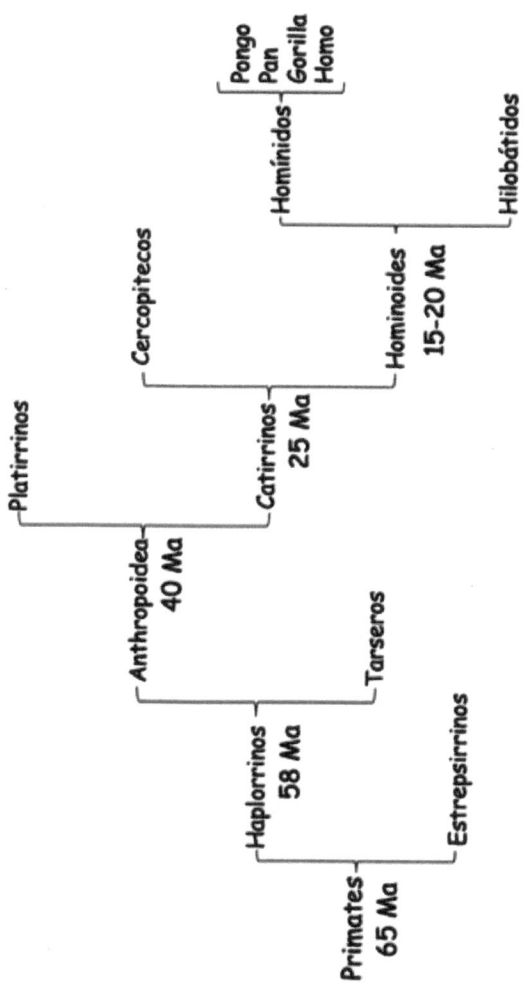

Clasificación de los primates. Hilobátidos: gibones y siamangs, *Pongo*: orangután; *Pan*: chimpancé. Las fechas estimadas de las divergencias se muestran en millones de años (Ma).

Dentro de los Hominoides se distingue a los Hilobátidos (gibones y siamangs) y a los Homínidos (figura pág. 65 y sección siguiente). Los primeros se caracterizan por ser más pequeños que el resto de los miembros de esta súper-familia, tener brazos muy largos, ser estrictamente arborícolas y formar parejas estables. Se alimentan sobre todo de frutas y son muy territoriales. Su distribución geográfica cubre varias islas del sudeste asiático. En su momento se consideró que *Dendropithecus macinnesi,* que vivió hace unos 20 Ma en África del este, fue un posible ancestro de los Hilobátidos. Esta relación estaba basada sobre todo en la morfología de los brazos y la posibilidad anatómica de balancearse. Sin embargo, estudios más recientes han mostrado que esa especie carecía de las características evolutivas típicas de los Hominoides y que, en realidad, pertenecía a un linaje diferente de Catirrino.

XI. Homínidos

De acuerdo con una hipótesis basada en el registro fósil, el origen de los «grandes simios» (gorilas, orangutanes, chimpancés y bonobos), y nuestro propio origen, serían el fruto de tres migraciones principales. La primera habría ocurrido hace unos 20 Ma cuando los ancestros de esos homínidos salieron de África y ocuparon partes de Asia donde se ha encontrado una gran cantidad de fósiles de simios extinguidos. Después de un largo período, estos ancestros evolucionaron y se dividieron en dos grupos. Uno de ellos volvió a África donde se ramificó, originando chimpancés, gorilas y, también, humanos. El otro, que permaneció en Asia, generó, a partir de hace unos 14 Ma, las tres especies conocidas de orangután. La noción de que nuestra evolución pasó por un período intermedio asiático es relativamente reciente y contradice la intuición del naturalista inglés Charles Darwin (1809-1882) que pensó que toda nuestra historia evolutiva era estrictamente africana. El problema es que, si así fuera, tendría que haber habido seis migraciones entre los dos continentes —en lugar de tres— para explicar el origen de las poblaciones actuales de simios asiáticos. Aunque no es imposible, esta opción es menos parsimoniosa (más complicada) y por eso se considera menos probable.

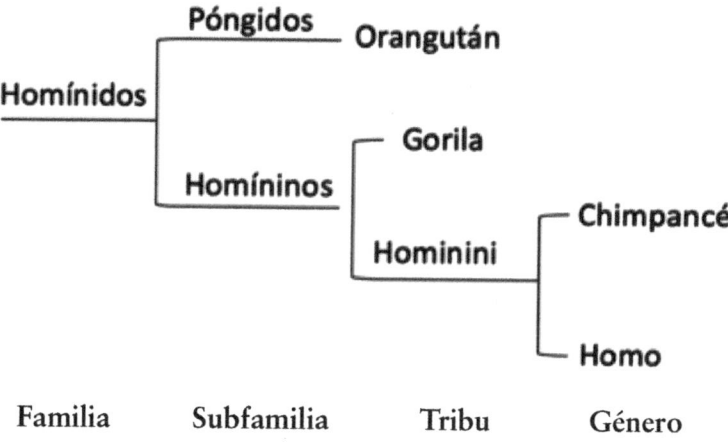

Árbol filogenético simplificado de la familia de los Homínidos. Porcentaje de diferencias en la secuencia del ADN genómico (todo el material genético): Homo-Orangután 3.40%; Homo-Gorila 1.75%; Homo-Chimpancé 1.37%. Algunos autores no incluyen al chimpancé en la tribu de los homininos (Hominini) y lo ubican en su propia sub-tribu. En ese caso habría otra sub-tribu llamada Hominina que englobaría al *H. sapiens* y todos sus ancestros.

De hecho, la conexión Asia-África tiene algunas bases morfológicas. Por ejemplo, la dentición del orangután posee un esmalte grueso que, entre los homínidos, solo comparte con la de los humanos. Además, existen fósiles euroasiáticos, como *Ouranopithecus macedoniensis*, que se parecen más a los *Australopithecus* («monos del sur») de África que a otros fósiles africanos más antiguos. Estas observaciones son esenciales para poder entender nuestra propia evolución puesto que se supone que los Australopitecos forman parte de nuestro linaje.

Efectivamente, además del chimpancé y de nuestro propio género (figura), se considera como parte de los homininos al supra-género extinto de los Australopitecos que vivieron en África a partir de hace unos 4,2 Ma. Su fósil más famoso es, sin lugar a dudas, el de

Lucy, completo en un 40%, de la especie llamada *Australopithecus afarensis* («mono sureño de Afar»), descubierto por Don Johanson y colaboradores en Etiopia, en 1974.

A pesar de tener un cráneo pequeño, equivalente en tamaño al de un chimpancé, la anatomía del hueso ilíaco (cadera) y del fémur (muslo) de Lucy muestra que ella ya caminaba casi como nosotros, hace 3.2 Ma, en la época del Plioceno llamada Piacenziense.

Fósil de *Australopithecus afarensis* («Lucy») completo en un 40%. (https://upload.wikimedia.org/wikipedia/commons/thumb/e/eo/Reconstruction_of_the_fossil_skeleton_of_%22Lucy%22_the_Australopithecus_afarensis.jpg/)

Eso se demostró fehacientemente gracias al descubrimiento por Mary Leakey en Laetoli, Tanzania, en 1976, de huellas de pies de tres individuos de aproximadamente la misma época, hace 3,66 Ma —muy probablemente miembros de la misma especie de Australopiteco- solidificadas a partir de cenizas volcánicas húmedas (figura pág. 69).

Estos descubrimientos impactaron al mundo científico porque, contra las ideas preconcebidas de ese entonces, a nuestros ancestros, antes que su inteligencia, lo que primero los diferenció de otros homininos fue caminar erguidos. Sin embargo, los dedos curvos de las manos de los Australopitecos sugieren que Lucy y sus congéneres debieron trepar seguido en los árboles, sobre todo durante la noche, para escapar de los depredadores.

Huellas de pies de Australopitecos de 3.36 Ma de antigüedad. (https://doi.org/10.7554/eLife.19568.012)

Las huellas encontradas por M. Leakey parecían indicar que los *A. afarensis* en general era bajitos (aproximadamente un metro de estatura). Sin embargo, el descubrimiento en 2015 de otras huellas, a solo 150 m de las originales, sugiere que en esta especie ancestral de homininos los machos eran bastante más grandes que las hembras. Efectivamente, las nuevas huellas corresponderían a un individuo de alrededor 1 m 65 cm de estatura. La explicación más lógica es que todas estas trazas correspondan al mismo grupo y que los 3 miembros más pequeños (hembras y/o juveniles) seguían al macho dominante. Este tipo de dimorfismo sexual pronunciado existe todavía en otros homínidos, sobre todo los gorilas. Por otra parte, los dedos gordos estaban más separados del resto del pie que en *H. sapiens*, y, en ese sentido, aún se parecían un poco a los pies de un chimpancé.

Hablando de huellas, existen unas encontradas en Trachilos, en la isla de Creta, que parecen haber sido hechas por un hominino hace 5,7 Ma. Basados en este descubrimiento, y otros datos recientes, algunos científicos han sugerido que nuestros primeros ancestros bípedos podrían haber aparecido en el sur de Europa, que en esa época habría sido una sabana, y de ahí haber emigrado a África que todavía estaba cubierta de bosques donde continuaron a evolucionar. Bastante más recientes son las huellas descubiertas en 2011 en Ileret, Kenia, con una antigüedad estimada de 1,5 Ma, en la época del Pleistoceno temprano. Se trata de series de pasos ubicados en 3 estratos superpuestos dejados por unos 7 individuos.

En la capa inferior, las huellas corresponderían a un ejemplar de 1 m 70 cm de estatura y 50 kg de peso que, a la diferencia de los otros que caminaban lentamente, parece haber trotado. Comparado con Lucy es bastante más alto y macizo, lo que parece ser una tendencia general de esa época que revela un aumento progresivo del tamaño de los homininos. ¿De quién podrían ser esas huellas? En el lapso de tiempo transcurrido desde la época de *A. afarensis* aparecieron por lo menos otras dos especies de homininos que, por su probable tamaño, pudieron haberlas hecho. Uno de ellos es *Paranthropus boisei*, un australopiteco tardío que se caracteriza por tener mandíbulas muy robustas y que vivió en África del Este entre hace 2,3 y 1,2 Ma. El otro es *Homo erectus*, descrito inicialmente por Eugène Dubois en Indonesia, en 1894 (aunque él lo llamó *Pithecanthropus erectus*, el «mono-hombre erguido»).

Esqueleto fósil del niño de Turkana (*Homo ergaster*) reconstituido a partir de 108 huesos. (https://upload.wikimedia.org/wikipedia/commons/thumb/2/2d/Turkana_Boy.jpg/220px-Turkana_Boy.jpg).

Algunos especialistas sostienen que la versión africana de *H. erectus* sería menos evolucionada y la han llamado *Homo ergaster* (el hombre trabajador). El tema es relativamente controvertido; pero, en todo caso, a este último se le considera uno de nuestros ancestros directos. Su representante más emblemático es el niño de Turkana cuyo esqueleto, descubierto por Kamoya Kimeu en 1984 en Kenia, es el más completo de un humano primitivo encontrado hasta ahora (figura pág. 70). A la excepción del cráneo, que es bastante menos voluminoso, este individuo tiene un esqueleto casi idéntico al de un hombre moderno, es decir un *Homo sapiens*.

¿Cuál es el origen de *H. ergaster* y cuál es su relación con Lucy? Es posible que *A. afarensis* no haya sido un ancestro directo del «hombre trabajador», sino que una rama lateral del frondoso árbol de los homininos. Algunos autores consideran que *Australopithecus africanus*, un contemporáneo de Lucy cuyos fósiles se han encontrado en la actual Sudáfrica, es el ancestro directo más probable de *H. ergaster*. También se ha propuesto que fósiles atribuidos a una especie contemporánea suya, *Homo habilis* —que debe su nombre a útiles de piedra simples encontrados cerca de esos restos (figura)— podrían, en realidad, pertenecer a *A. africanus*. Pero al «hombre hábil», que medía entre 1 m 30 cm y 1 m 40 cm de estatura y pesaba de 35 a 45 kg, se le considera frecuentemente como una especie intermediaria entre *A. Africanus* y *H. ergaster*. Su dentadura demuestra que tenía una dieta variada que incluía carne, probablemente carroña robada a guepardos o chacales.

Útiles de piedra atribuidos a *H. habilis* con 1,7 millones de años de antigüedad. (Didier Descouens-Trabajo personal, CC BY-SA 4.0 https://commons.wikimedia.org/w/index.php?curid=11291046).

Aunque era claramente bípedo, *H. habilis* parece haber tenido varias características típicamente simiescas: un cerebro relativamente pequeño (600-650 cc), incluso para su tamaño, una anatomía todavía parcialmente adaptada a una vida arborícola y, posiblemente, una gran pilosidad corporal. Sin embargo, la estructura de los huesos de sus pies sugiere una mejor adaptación a caminar que *A. afarensis* y también a poder correr por la sabana africana durante períodos no muy largos. El que sí debe haber podido correr grandes distancias sin problema fue *H. ergaster*. Como vimos más arriba, el niño de Turkana era perfectamente bípedo. Además, tenía el físico y el enduro necesarios para correr durante horas, como todavía lo hacen algunos cazadores de tribus africanas, tras animales rápidos, como gacelas o antílopes, hasta colapsarlos bajo el sol del mediodía (es lo que se llama «caza por extenuación»). Probablemente, *H. ergaster* tampoco tenía la pilosidad densa de sus ancestros y, además, como nosotros, transpiraba por todo el cuerpo, lo que le habría permitido cazar durante el día sin acalorarse demasiado —cuando los otros grandes depredadores dormían bajo los árboles—. De hecho, se supone que *H. ergaster* es el primer hominino cazador-recolector, lo que implicó una división fundamental en la búsqueda de alimentos entre machos y hembras y la aparición de relaciones monogámicas entre ellos. Comer carne, probablemente cocida, tuvo por lo menos dos efectos determinantes para el desarrollo de la inteligencia: i) proporcionó más calorías, necesarias para poder alimentar un cerebro más grande, y ii) redujo el tamaño de la mandíbula y de los músculos de la masticación, lo que permitió la expansión lateral de la bóveda craneana y, por extensión, un cerebro más voluminoso.

Como se mencionó más arriba, la relación evolutiva entre *H. ergaster* y *H. erectus* es compleja y varios especialistas llaman al primero *H. erectus* africano o *H. ergaster/erectus*. Lo que parece bastante probable es que *ergaster* haya migrado a Asia, donde se transformó en *erectus*. El momento de esta migración no ha sido establecido de manera definitiva, aunque se piensa que podría haber sido hace entre 1 y 2 Ma. También es posible que *H. ergaster* no fuera el primer hominino que salió de África. Efectivamente, algunos de los cráneos excavados en Dmanisi, Georgia, que con 1,7 a 1,9 Ma de edad puede que sean los fósiles no africanos más antiguos de *Homo* encontrados hasta ahora, presentan algunas características propias de *H. habilis*. La atribución de esos fósiles a esta especie también la justificaría la ausencia en las excavaciones de Dmanisi de hachas manuales de piedra, típicas de la industria de *H. ergaster* —a las que debe su nombre de «trabajador».

En todo caso, es *H. erectus* el que, hace por lo menos 1 Ma —o incluso 2 Ma, según algunos autores—, se dispersó por todo el Viejo Mundo, desde la península ibérica hasta la isla de Java, donde Dubois encontró sus huesos fosilizados. Tenía una capacidad cerebral promedio de 900 cc, y una máxima de 1.250 cc, y se supone que fue —¿con *H. ergaster*?— el primero en utilizar el fuego, cuidar a sus enfermos y a sus heridos, poder navegar, y tal vez, producir objetos de arte. Sin embargo, el estudio de las capas sucesivas de dentina de los dientes del niño de Turkana, su pariente muy cercano (figura pág. 70), sugiere que su desarrollo era más rápido y, por ende, su infancia más corta y el cuidado parental más breve que en nuestra especie. Hace unos 700 000 años una rama del *H. erectus/ergaster* africano se transforma primero en *Homo heidelbergensis* y luego migra a Europa donde deviene *Homo neanderthalensis*. Este último es famoso por ser el primer *Homo* arcaico discutido por los especialistas de la época, a partir del descubrimiento de un fragmento de cráneo y varios otros huesos fósiles en el valle de Neader, Alemania, en 1856.

Las primeras impresiones de esos científicos no fueron muy atinadas porque, dadas la forma del cráneo y la robustez de su esqueleto, se le consideró un ser muy inferior al *H. sapiens*; hoy en día la opinión general es que *H. neanderthalensis* desarrolló su propia inteligencia, distinta de la nuestra pero muy eficaz en su contexto, lo que le permitió existir durante casi 400 000 años en Eurasia, sobreviviendo a varios períodos de glaciación. Otro posible descendiente de *H. erectus* es *H. denisova* (también llamado *H. altaiensis*) cuyos fósiles encontrados en una gruta en Altái en Siberia, corresponden a los huesos del dedo de una niña, de la parte de un cráneo adulto y de dientes de otros 3 individuos. Además, ahí también se encontró el fragmento de un hueso de un brazo o pierna de una niña de 13 años que vivió hace 90 000 años, híbrida de *H. neanderthalensis* y *H. denisova*. Se dispone igualmente de un fragmento de mandíbula de *H. denisova* procedente de China, lo que da una idea de su gran repartición geográfica. Se sabe que los huesos corresponden a esas especies gracias a la extracción, amplificación y secuenciado de su ADN fósil, una técnica reciente de un valor inestimable en paleoantropología. Como veremos más abajo, la secuencia de nuestro propio genoma y su comparación con los de *H. neanderthalensis* y *H. denisova* ha demostrado también la hibridación de esos humanos con nuestra propia especie.

Según algunos investigadores una especie intermediaria entre *H. erectus* y *H. heidelbergensis* sería *Homo antecessor* cuyos abundantes fósiles, con una antigüedad de más de 800 Ma, se han encontrado en el norte de España, en un sitio llamado Sima de los Huesos. Sin embargo, otros paleoantropólogos piensan que *H. antecessor* se extinguió sin dejar descendencia.

XII. *Homo sapiens*

En su obra «The Descent of Man» («El Origen del Hombre»), publicada en 1874, Charles Darwin propuso, después de pensárselo mucho, algo que la sociedad británica —o cualquier otra sociedad avanzada de esa época— no estaba dispuesta a aceptar: los humanos tenemos un origen común relativamente reciente con chimpancés, bonobos, gorilas y orangutanes. Ahora que disponemos de las secuencias —muy semejantes— de los genomas de todas estas especies (figura pág. 67), ese rechazo nos puede parecer extraño. Pero en el siglo XIX europeo, se consideraba incongruente asociar al ser humano con un animal, por muy parecido que fuera —ese problema aparentemente no lo tenían los indonesios puesto que «orang-utan» quiere decir «hombre del bosque» en su lengua. Como vimos más arriba, Darwin también concluyó que el lugar de ese origen tenía que ser África porque allí viven los antropoides que más se nos parecen. Efectivamente, aunque, como también mencionamos, periódicamente se postulan hipótesis que sitúan la aparición de *H. sapiens* en Asia, o incluso Europa, el registro fósil más abundante de homininos se encuentra en la región del cuerno de África (Somalia, Etiopia, Eritrea), un poco más al sur, en Tanzania y Kenia, y también en Sudáfrica.

¿Pero cuál fue nuestro ancestro directo? La pregunta es compleja porque hay muy pocos fósiles disponibles anteriores al Pleistoceno medio, época en la que se supone que tienen que haber divergido, hace unos 800 000 años, los ancestros directos de *H. neanderthalensis* y *H. sapiens* a partir de un tronco común. Sin embargo, según la mayoría de los paleoantropólogos, un candidato parece destacarse del resto: el ya mencionado *H. heidelbergensis,* que primero evoluciona en África y luego migra a Europa.

A *H. heidelbergensis* se le llama así porque su primer fósil, una mandíbula, se encontró cerca de Heildelberg, Alemania, en 1907. A este espécimen se le atribuye una antigüedad de 600 000 años según fósiles de mamíferos característicos de esa época, encontrados en el mismo estrato geológico. La mandíbula de Heildelberg carece de mentón, es excepcionalmente gruesa y ancha pero sus dientes son relativamente pequeños (figura pág. 76), lo que sugiere una dieta predominantemente cárnica. Se han encontrado otros fósiles atribuidos a esta especie en Etiopia, Zambia, Tanzania, Grecia, Francia y posiblemente China. Los cráneos descritos en esas localidades se parecen bastante a los de *H. erectus,* aunque son más grandes y, por ende, deben haber alojado a un cerebro más voluminoso. Carecen, eso sí, de las particularidades anatómicas del cráneo de uno de sus sucesores, el hombre de Neandertal, las que debieron aparecer bastante más tarde en Europa.

Por su parte, la evolución del *H. heidelbergensis* en *H. sapiens* habría ocurrido en África.

Fósil de mandíbula de *H. heidelbergensis europeo*. (https:// commons.wikimedia.org/wiki/File:Mandibel_from_Mauer. JPG?uselang=fr)

Efectivamente, y como vimos más arriba, en general se considera que nuestra especie se originó en Etiopia, donde se han encontrado fósiles de *H. sapiens* con 195 000 (Omo kibish) y 160 000 (Idaltu) años de antigüedad. Sin embargo, ese lugar de origen se ha puesto recientemente en duda porque restos de un probable *H. sapiens* arcaico provenientes de Jebel Hirhoud en el norte de África (Marruecos), han sido datados a hace alrededor de 300 000 años. Por supuesto, incluso en sus albores, nuestra especie pudo desplazarse por (casi) todo el continente africano y también fuera de él, lo que complica la atribución definitiva de su origen geográfico.

En realidad, estudios recientes han mostrado que nuestra evolución, como la de la mayor parte de los seres vivos, es mucho más compleja de lo que se suponía hace incluso solamente unos 20 años. Durante bastante tiempo, solo dos modelos evolutivos fueron generalmente considerados válidos por los antropólogos: «fuera de África con remplazo» y «continuidad multi-regional». El primer modelo postula que todos los humanos no-africanos modernos se originaron en África, hace unos 50 000 a 100 000 años. Toda variación genética de esas poblaciones no-africanas se supone que resultó de una derivación de las originales, presentes en ese continente durante el Pleistoceno medio -actualmente llamado Calabriense- hace entre 1,8 y 0,8 Ma. Además, las variaciones observadas entre diferentes grupos humanos serían el resultado de mutaciones locales e intercambios genéticos ocurridos entre regiones, durante decenas de miles de años. Se excluye también en este modelo la hibridación de estos grupos con homininos arcaicos *no-sapiens* residentes fuera de África.

Por su parte, el modelo denominado «continuidad multi-regional» favorece el origen de *H. sapiens* a partir de poblaciones ancestrales primitivas salidas de África hace un millón de años cuyas diferencias se produjeron debido a su aislamiento geográfico. No obstante, el intercambio genético constante a través de todas esas poblaciones humanas desde el Pleistoceno habría mantenido la unidad de la especie. No influyen en este proceso ni expansiones ni reemplazos de comunidades humanas; el resultado es un equilibrio entre variaciones genéticas internas a un grupo y las que ocurren entre grupos. Esta adaptación regional conduce a diferencias más marcadas entre ellos (y, de paso, favorece la idea de que las «razas» humanas tienen distintos orígenes desde hace cientos de miles de años). En resumen, lo que distingue fundamentalmente a los dos modelos es la naturaleza de la especie humana que salió de África y cuando lo hizo: según «fuera de África con remplazo» fue *H. sapiens* y esto ocurrió hace menos de 100 000 años; mientras que para los que favorecen la «continuidad multi-regional» debió ser *H. erectus/ ergaster*, hace alrededor de 1 Ma. Este último habría entonces evolucionado independientemente hasta transformarse en *H. sapiens* en distintos lugares del Viejo Mundo (desde ya, esta idea puede parecer poco parsimoniosa porque implica cambios fundamentales muy similares que habrían ocurrido en paralelo en poblaciones de *H. erectus* localizadas en lugares con condiciones climáticas diferentes).

Lo que sí tienen en común estos dos modelos es la idea de que la evolución de una especie, en este caso la nuestra, se puede describir como una rama, o varias si hay 'subespecies', que emerge(n) independientemente del tronco de un árbol frondoso, sin tocar ninguna otra rama durante su expansión. En esta última década, estudios genéticos y la secuenciación del ADN de distintos grupos de *H. sapiens* y homininos extintos han demostrado que esta noción es falsa. Las ramas de nuestro árbol evolutivo no crecen aisladas, sino que se entrecruzan y se reticulan generando una malla densa.

El primer híbrido nacido de dos especies similares tiene, por definición, 50% del material genético de cada uno de sus progenitores. Pero si, como en el caso de esos homininos, las especies, a pesar de ser interfértiles no cohabitan, o lo hacen de manera muy esporádica, la selección —natural y cultural— hará que, tras un número variable de retrocruzamientos, es decir de cruces de híbridos con individuos de la especie con la que conviven, solo algunos genes de la especie ausente subsistan en ellos. A este mecanismo interespecífico de adquisición de genes se le llama introgresión. La hibridación introgresiva ha sido determinante para nuestra evolución porque ha proporcionado la fuente de variación genética necesaria para la adaptación por selección natural. Y los ejemplos abundan. Datos recientes indican que *H. sapiens* arcaicos legaron genes a *H. neanderthalensis* hace unos 100 000 años y lo inverso ocurrió 50 000 años más tarde. Y un estudio reciente encontró genes neandertales en grupos subsaharianos producidos por hibridación hace unos 250 000 años en Eurasia, lo que implica que al menos algunos híbridos volvieron a África. Un intercambio de genes entre *H. sapiens* arcaicos y *H. denisova* y, como se mencionó en la sección anterior, entre este último y *H. neanderthalensis*, también ha sido demostrado en poblaciones asiáticas y australo-melanésicas, gracias a la comparación de las secuencias de los ADN actuales y fósiles respectivos. Incluso es posible que los denisovanos hayan adquirido genes de un hominino arcaico que divergió de nuestra línea evolutiva hace más de 1 Ma.

La existencia de introgresiones muy antiguas entre diferentes linajes de homininos africanos ha sido claramente demostrada. De hecho, las poblaciones de ese continente varían genéticamente mucho más entre ellas que todo el resto de la humanidad. En el caso de algunos grupos de pigmeos africanos hay evidencia de su hibridación con dos especies que divergieron del tronco común con nuestros ancestros hace 1,2 Ma y 700 000 años, respectivamente. Los pigmeos Biaka del Congo y San de Sudáfrica conservan alrededor del 2% del material genético arcaico proveniente de uno de esos cruzamientos.

De la misma manera y como ya lo hemos evocado brevemente, la comparación del genoma de *H. neanderthalensis* con el nuestro, muestra definitivamente que hubo hibridación. En efecto, cada individuo contemporáneo no africano subsahariano tiene entre 1,8 y 2,6% de genes neandertalianos; y si se consideran todos los genes provenientes de esa especie contenidos en la población mundial actual, el porcentaje es del 30 al 40%. Los genes de *H. neanderthalensis* adquiridos permanentemente por nuestra especie se relacionan, por ejemplo, con el color de la piel y la inmunidad. Esta introgresión es lógica porque, al migrar a Europa, los *sapiens* africanos, que debían tener la piel oscura, pudieron haber sufrido una carencia de vitamina D en latitudes bastantes menos asoleadas —una etapa en la síntesis de esta vitamina esencial depende de la exposición de la piel a la luz solar. La selección natural habría entonces conservado los genes que favorecían la piel clara que los neandertales habían adquirido tras vivir por lo menos 160 000 años en zonas septentrionales de Eurasia con poco sol. Lo mismo se puede concluir con respecto a la inmunidad intrínseca puesto que al llegar a Eurasia, *H. sapiens* debió exponerse a gérmenes y virus típicos de latitudes más frías contra los que no tenía mecanismos de defensa innatos (pero *H. neanderthalensis* sí). Otra introgresión remarcable es la de los tibetanos y nepaleses que en su ADN tienen un gen de la hemoglobina sanguínea de origen denisovano que les permite vivir en regiones elevadas del Himalaya, donde el oxígeno es relativamente escaso.

Un resultado reciente demuestra que la introgresión de material genético neandertal presente en humanos modernos también puede provocar un cambio fundamental en una región del cerebro llamada surco intraparietal. En individuos actuales con porcentajes relativamente altos de genes neandertales se han identificado más conexiones funcionales de esa región con zonas que procesan estímulos visuales, y menos de ellas con regiones involucradas en procesos cognitivos de orden social —lo que también es coherente con los registros fósiles que muestran fosas oculares de mayor tamaño en los neandertales. Esta observación ha llevado a algunos autores a postular que esa diferencia con nuestra especie fue la que provocó la desaparición de los neandertales ya que no tenían ni la cohesión social de grupo ni las tradiciones culturales necesarias para enfrentarse a cambios climáticos extremos. Esta idea se ha reforzado con la observación reciente de que el autismo tendría, al menos parcialmente, su origen en regiones del ADN heredadas de los neandertales.

La comparación de nuestro genoma con el del hombre de Neandertal también puede ayudarnos a entender la evolución de nuestra propia inteligencia. Aunque el tema de su origen es bastante espinudo, la mayor parte de los paleoantropólogos está de acuerdo en decir que nuestra especie experimentó un «salto adelante» intelectual y cultural notable hace unos 50 000 años. A partir de ese momento, aparecen en la mayoría de los sitios fósiles estudiados, pinturas rupestres, joyas, flautas —e incluso útiles de uso diario— mucho mejor hechos que antes. Además, los *H. sapiens* que salen de África en esa época se expanden rápidamente por el Viejo Mundo. Una cantidad considerable de restos fósiles asiáticos sugiere que nuestra especie ya había salido de África en varias ocasiones (es posible incluso que haya llegado a China hace entre 80 000 y 120 000 años). La mayor parte de esas migraciones aparentemente pasaron par la península arábiga y continuaron hacia el este de Asia, bordeando las costas del océano Índico. Curiosamente, estos antiguos migrantes *sapiens* africanos no parecen haber ocupado ninguna región de Europa e incluso algunos de ellos no fueron más allá del Medio Oriente. Algunos especialistas piensan que esto se debió a la presencia de *H. neanderthalensis* en esa zona. Estos homininos, instalados en Eurasia desde hacía casi doscientos mil años, pudieron haber limitado drásticamente a esos primeros *H. sapiens* el acceso a los recursos naturales esenciales. De hecho, algunos estudios sugieren que la calidad de la industria lítica de esos ancestros nuestros era igual, o incluso un poco inferior, a la de los neandertales.

Aunque aparentemente las primeras migraciones de *H. sapiens* no lograron extenderse por Europa debido a *H. neanderthalensis*, es posible que las más recientes hayan causado su extinción hace unos 40 000 años (aunque, como se ha mencionado más arriba, su estructura social —y cambios climáticos— también pueden haber jugado un papel determinante en ese proceso). El resultado fundamentalmente diferente de estos dos contactos entre *sapiens* y *neanderthalensis*, separados por unos 50 000 a 80 000 años, también podría reflejar el cambio intelectual y/o cultural esencial, mencionado más arriba, que nuestra especie parece haber experimentado hace 500 siglos. ¿Pero en que pudo consistir ese cambio? Como ocurre frecuentemente en paleoantropología, no todos los especialistas están de acuerdo. Para los más tradicionalistas, fue el resultado lógico de más de 100 000 años de evolución cultural y social y del crecimiento demográfico. Resultados recientes, basados en el análisis de poblaciones humanas actuales con distintos porcentajes de genes neandertales, son útiles en este sentido porque correlacionan esos cambios con una modificación gradual de la forma del cráneo de *H. sapiens* que se hace más globular. De hecho, los humanos actuales portadores de ciertos genes neandertalianos tienen un cráneo más alargado. El cambio morfológico hacia un cráneo redondo resulta del mayor tamaño relativo de los lóbulos parietales, encargados de coordinar la manipulación de objetos y la integración sensorial, del lóbulo frontal para el pensamiento abstracto y del cerebelo, que juega un papel importante en el aprendizaje y el lenguaje.

Para otros científicos, liderados por el antropólogo Richard G. Klein, la razón principal del cambio intelectual y/o cultural fue una mutación genética determinante que modificó nuestro cerebro y nuestra capacidad de innovar y comunicar oralmente. Klein da el ejemplo de restos dejados por grupos de *H. sapiens* en cuevas de la costa meridional de Sudáfrica, donde acamparon hace entre 120 000 y 60 000 años hasta que una terrible sequía les obligó a partir. Durante ese período estos individuos fabricaron cuchillos, hachas y otros útiles de piedra de buena factura, cazaron antílopes, utilizaron el fuego, enterraron a sus muertos y fabricaron collares. En eso igualaron a los neandertales europeos contemporáneos. Pero, a pesar de sus cerebros de gran tamaño (1370 cc en promedio) y aspecto bastante moderno, estos humanos no fueron capaces de construir habitaciones duraderas, casi nunca cazaron presas peligrosas como los búfalos (a pesar de la gran cantidad de carne que representaban), no sabían pescar, no fabricaron útiles de hueso y, en general, carecían de diversidad cultural. Además, no habría evidencias ni de arte ni de pensamiento simbólico durante todo ese período. Klein cuestiona también la idea del crecimiento demográfico como responsable del «salto adelante» cultural de *H. sapiens* porque, al contrario, se piensa que su población se redujo drásticamente entre hace 100 000 y 50 000 años. De hecho, se calcula que, en su momento más complicado, hace aproximadamente 70 000 años, nuestra especie llegó a tener solamente entre unos 3000 a 10 000 individuos (la causa de esta reducción habría sido una erupción volcánica en Indonesia que duró unos 10 años y modificó el clima africano).

Izquierda: Roca extraída de la cueva Blombos de Sudáfrica con un dibujo hecho con ocre por *H. sapiens* hace 73 000 años. Derecha: dibujo hecho —supuestamente— por *H. neanderthalensis* hace 65 000 años en una cueva de La Pasiega, Cantabria, España (pero ver texto).(https://i.guim.co.uk/img/media/b5c5c36b9266f67004f0e-638a881703330cc83dc/0_346_5184_3110/master/5184.jpg?width=620&quality=85&auto=format&fit=max&s=e13d20ed29427d5686fc0ec25d24cedc.Photograph:Craig Foster/University of Bergen/Nature. Creative Commons https://www.sapiens.org/archaeology/neanderthal-art-discovery/).

El panel de la izquierda de la figura (pág. 82) corresponde a un fragmento de roca encontrado en la cueva Blombos de Sudáfrica que muestra una serie de líneas de ocre hechas hace unos 73 000 años. Por su ubicación geográfica se trata indiscutiblemente de la acción de *H. sapiens,* pero su significado no queda claro. En todo caso, no es una obra figurativa evidente, como las que se encuentran a partir de hace unos 45 000 años en distintos lugares de Eurasia, y desde hace 25 000 años en África. Sin embargo, dado el poco trabajo paleoantropológico realizado en ese continente comparado con Europa, podría existir arte africano figurativo bastante más antiguo. La simpleza del dibujo de Blombos favorecería la hipótesis original de Klein de que una mutación pudo haber aumentado de manera muy significativa nuestra inteligencia global hace unos 50 000 años.

De todos los genes relevantes de nuestro ADN que podrían haber mutado en ese momento uno de los más estudiados ha sido *Foxp2,* por estar relacionado con la comunicación oral compleja, una actividad que se supone es exclusivamente humana. Esta relación se descubrió inicialmente en algunos miembros de una familia británica que tienen una mutación en ese gen y se caracterizan por no comprender ni las reglas gramaticales de su idioma ni poder articular palabras. Pero el gen *Foxp2,* que es común a muchas especies de vertebrados, no solo controla la vocalización; estudios con ratones han demostrado que también participa en el desarrollo del sistema nervioso central. La comparación del ADN de *Foxp2* proveniente de varios primates diferentes demostró que nuestra especie se caracteriza por tener dos mutaciones que nos distinguen, por ejemplo, de los chimpancés que, por supuesto, no hablan. En 2007, Johannes Krause y colaboradores lograron secuenciar el gen *Foxp2* de *H. neanderthalensis* a partir del ADN extraído de un hueso fósil. El interés en la composición de ese gen consistía sobre todo en determinar si tenía o no las dos mutaciones de *H. sapiens,* y así comprobar, de un punto de vista genético, si los neandertales hubieran podido hablar. Y el veredicto fue claro: también las tenían. Este resultado, más bien inesperado, demuestra que estas mutaciones ocurrieron antes de la separación evolutiva de *H. sapiens* y *H. neanderthalensis.* La evidencia ósea fósil, aunque escasa y relativamente ambigua, también favorece la hipótesis de que los neandertales hablaban, aunque probablemente lo hacían con una variedad más restringida de sonidos y, dada la estructura de su laringe, con tonos diferentes de los de *H. sapiens* (la «a» la habrían pronunciado casi como «e»).

El descubrimiento de que los genes *Foxp2* humano y neandertal comparten esas dos mutaciones no explicaba el propuesto barrido selectivo* (= selección natural positiva) que habría ocurrido en una región contigua al gen *sapiens* en los últimos 200 000 o 55 000 años (sobre la fecha hay dos hipótesis bastante diferentes en la literatura). En 2012, el grupo de Svante Pääbo, uno de los principales artífices de la secuenciación del ADN humano fósil y premio Nobel de medicina de 2022 por sus trabajos sobre este tema, publicó un estudio que analizaba y comparaba los 443 550 nucleótidos* que componen el ADN de la región del gen *Foxp2* de *H. sapiens* con los del chimpancé y los de varios neandertales y denisovanos. Ese trabajo demostró que la sustitución *de un solo nucleótido* en las regiones correspondientes de *H. sapiens* y *H. neanderthalensis* podría haber sido responsable del barrido selectivo en nuestro *Foxp2*. Pääbo y colaboradores localizaron esa mutación en una región del ADN que normalmente fija una proteína, llamada POU3F2, que controla la expresión de *Foxp2*. Ese factor de regulación de la expresión genética juega un papel de control equivalente al de las proteínas codificadas por los genes *Hox* descritos en las páginas 41 a 43. La mutación alteró la fijación de la proteína POU3F2 y, según Pääbo y colaboradores, podría ser responsable del barrido propuesto en esa región del ADN humano. Dado que, como se mencionó más arriba, podría haber ocurrido hace unos 55 000 años, representaría la modificación genética trascendental propuesta por Richard G. Klein. Sin embargo, y como ocurre a menudo en este campo, hay una controversia porque un trabajo publicado en 2018 sostiene que el barrido selectivo propuesto era un artefacto provocado por la selección de los individuos estudiados. Aun así, el gen *Foxp2* sigue siendo considerado como esencial para el lenguaje.

Lo que queda claro es que para los paleoantropólogos tradicionales es difícil aceptar que la mutación de un solo nucleótido, entre los 32 mil millones de pares de nucleótidos que tiene el genoma humano, haya podido tener un efecto tan profundo en nuestra evolución cultural y social. Además, como se mencionó más arriba, estudios recientes postulan un cambio gradual en la forma del cráneo de H. *sapiens* que reflejaría un progreso intelectual también gradual. Sin embargo, no es posible excluir completamente la hipótesis de una mutación única trascendental. Después de todo, un cambio drástico y accidental en nuestra evolución intelectual no sería tan sorprendente. Ya sabemos que el azar ha jugado un papel preponderante en la historia de nuestra especie: caída de meteoritos, erupciones volcánicas, sequías provocadas por la formación de una cadena montañosa en el cuerno de África, etc. Lo que cambia es que esta vez se trataría directamente de una transformación interna, en nuestro propio material genético. Si esa posible mutación mejoró nuestra capacidad de representarnos interiormente el mundo exterior y poder crear y reflexionar, la selección natural darwiniana habría hecho el resto. Esta posibilidad nos aleja, no solo de nuestros propios antepasados H. *sapiens* de hace más de 50 000 años, sino que también delimita aún más nuestras diferencias con H. *neanderthalensis* a nivel genético. Así, este parámetro se sumaría a la evidencia cultural prehistórica y anatómica de nuestras claras diferencias con esa especie.

Aunque, como mencionamos más arriba, una gran cantidad de científicos consideran que H. *neanderthalensis* poseía un intelecto diferente, existe desde ya hace bastante tiempo en ciertos círculos paleoantropológicos una tendencia a conferirle una inteligencia comparable a la del H. *sapiens*, en parte basada en su gran volumen cerebral (1400 cc en promedio). Por ejemplo, en 2012 —y luego en 2018— un dibujo rupestre encontrado en una cueva española (figura de la derecha en la pág. 82) se atribuyó a H. *neanderthalensis* por su antigüedad —calculada por el método del uranio-torio (U/Th)*— de 65 000 años —en esa época nuestra especie todavía no había ocupado Europa—. Pero resultados más recientes (2020) han puesto en duda la fiabilidad del método U/Th de datación en esa y otras grutas españolas, donde también hay dibujos supuestamente hechos por H. *neanderthalensis*. El problema radica en las características del carbonato de calcio ($CaCO_3$) que, por un proceso natural, cubre progresivamente los dibujos rupestres (y atrapa el uranio que se usa en la datación). Su transición cristalina de aragonita metaestable a calcita provoca una disminución de la cantidad de uranio presente en las capas minerales. Esta pérdida falsea los cálculos de los científicos y arroja una edad aparente bastante más antigua que la real. En conclusión, los dibujos de La Pasiega, y de otras cuevas de España, no serían la obra de neandertales, sino que de *H. sapiens*, hechos hace menos de 45 000 años.

Parece, entonces, que el largo camino evolutivo que hemos recorrido, partiendo de ese puñado de células que eran nuestros ancestros semejantes a los placozoos, nos ha llevado a ser, en la historia de la evolución biológica, los únicos animales capaces de, además de comprender la realidad, poder transformarla y también inventar otras. Ahora veremos como cada parte de nuestro cuerpo y nuestros sentidos tienen su propia historia evolutiva.

B. El origen de nuestra anatomia y nuestros sentidos

En la parte **A** de este libro hemos visto como la clasificación de Linneo nos permitió describir la progresión de la evolución animal hasta llegar a nuestra propia especie *Homo sapiens*. Ahora vamos a concentrarnos en el origen de cada una de los órganos de nuestra anatomía y de los sistemas y sentidos que pueden generar. En algunos casos, evocaremos temas a los que ya nos hemos referido, pero con un enfoque diferente. En general, la idea es abordar aspectos específicamente relacionados con la historia de la evolución de nuestro cuerpo. Aunque no es fácil decidir por dónde empezar, parece lógico, como en arquitectura, hacerlo por los cimientos y el armazón, es decir, el esqueleto.

I. El origen de nuestro esqueleto

Puede que parezca incongruente, pero para entender la evolución y aparición de nuestro esqueleto hay que comenzar por estudiar los cambios que ocurrieron durante la explosión biológica del Cámbrico, hace 505 Ma. Aunque, como lo discutimos en la primera parte de este libro, esta explosión se debió en gran medida a una mayor disponibilidad de oxígeno molecular atmosférico, también se produjo en esa época un aumento en la utilización del carbonato de calcio, inyectado en los océanos por la tectónica de placas, unos 1000 millones de años antes. De hecho, ya en ese período, muchos organismos microscópicos marinos habían comenzado a usar el $CaCO_3$, formando exoesqueletos de formas muy variadas. Más tarde, con la aparición cámbrica de une gran cantidad de especies animales multicelulares, los exoesqueletos se complificaron formando conchas, espinas y caparazones. Estas estructuras tenían a la vez ventajas y desventajas. Por un lado, protegían al animal y extendían su radio de acción gracias al uso de extremidades duras calcificadas; y por otro lado limitaban su crecimiento, tamaño y movilidad, como también la existencia de órganos sensoriales superficiales.

Los primeros esbozos de un esqueleto interno aparecen en cordados primitivos, aunque es de naturaleza cartilaginosa.

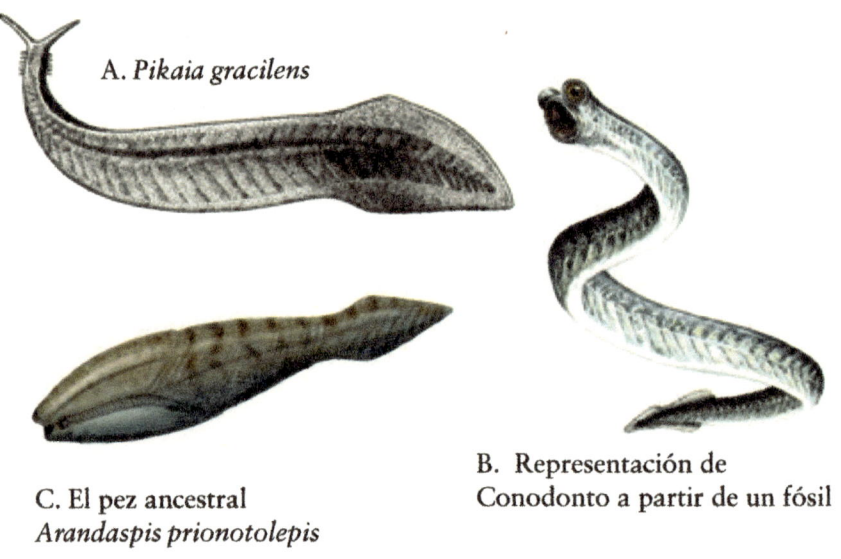

A. *Pikaia gracilens*

C. El pez ancestral
Arandaspis prionotolepis

B. Representación de
Conodonto a partir de un fósil

(De Nobu Tamura (http://spinops.blogspot.com) — Trabajo personal , CC BY-SA 3.0, https://commons.wikimedia.org/w/index.php?curid=19460450)

La figura muestra representaciones supuestas de algunos cordados primitivos. A *Pikaia gracilens* (**A**) que existió durante el Cámbrico medio, se le ha asociado con el anfioxo (pág. 36), y si así fuera ya habría tenido un genoma similar al de los cordados actuales. Este animal tenía una notocorda que no estaba mineralizada que, si se extrapola a la anatomía del anfioxo, debió encontrarse rodeada por un tejido fibroso.

Durante el período Cámbrico aparecen también animales parecidos a anguilas dotados de estructuras óseas en sus bocas que pudieron servirles para alimentarse por filtración, o para atrapar y triturar sus presas. A los fósiles de estos elementos óseos, que inicialmente se encontraron aislados, se les llamó conodontos por la forma cónica de algunos de ellos. Más tarde, ese nombre empezó a usarse para designar a los animales cuyos vestigios los incluían (**B** en la figura pág. 88). Aunque el término conodonto evoca la existencia de dientes, estos cordados primitivos no tenían mandíbulas —eran agnatos— y esos elementos óseos se encontraban asociados a tejidos blandos de la boca y la faringe. La composición química de los conodontos fósiles es compleja y contiene apatita ($Ca_5(PO_4)_3F/OH$) y trazas de iones carbonato y sodio. Tal como los dientes actuales, los conodontos estaban constituidos de esmalte y dentina, —el esmalte tiene hidroxiapatita ($Ca_{10}(PO_4)_6(OH)_2$) y la dentina está hecha de una fase mineral (70%) y otra orgánica (20%), además de 10% de agua. Sin embargo, datos recientes sugieren que se trata de un caso de evolución convergente*.

La situación parece ser más clara en el caso de *Arandaspis prionotolepis* (**C** en la figura pág. 88) que vivió entre -480 y -470 Ma y es un ostracodermo* —a menudo clasificado como uno de los primeros representantes de la subclase de los heterostracanos— y el pez (y vertebrado) más antiguo que se conoce. *A. prionotolepis* no tenía ni aletas ni mandíbula, su cabeza estaba cubierta de placas duras y su cuerpo revestido de escamas. Se sabe que en los heterostracanos esas escamas eran muy diferentes de las de otros vertebrados y estaban compuestas de tres capas de dentina y de aspidina. De hecho, la aspidina es un tejido atípico, característico de las placas óseas dispuestas sobre la piel (dermoesqueleto) de estos peces ancestrales, que no se encuentra en ningún vertebrado contemporáneo. Se caracteriza a la vez por carecer de espacios donde alojar los osteocitos responsables del mantenimiento del tejido óseo en estos vertebrados, y por no mostrar evidencias claras de resorción, un proceso que reestructura permanentemente al hueso moderno gracias a la acción de células especializadas llamadas osteoclastos y osteoblastos. Aunque hasta

hace poco se pensaba que la aspidina era un precursor de los tejidos mineralizados de los vertebrados, datos recientes de fósiles de
heterostracanos obtenidos con rayos X de alta energía sugieren que,
en realidad, este tejido representa la primera evidencia fósil de un
tipo de hueso. En conclusión, la presencia de células en el hueso
moderno, es decir de osteocitos, osteoclastos y osteoblastos, sería,
junto con la vascularización sanguínea necesaria a su supervivencia,
el fruto de una evolución posterior que ocurrió en peces con placas
óseas más avanzadas.

La utilidad del dermoesqueleto de la mayoría de los peces primitivos ha sido un tema de discusión entre paleontólogos. Lo primero
que se ha pensado es que servía para protegerlos de depredadores
invertebrados (artrópodos) de mayor tamaño, ya que estos peces
ancestrales no median más de unos 30 cm. También se ha propuesto
que les ayudaba a nadar más rápido, o que les protegía de la abrasión
provocada por el roce contra las piedras submarinas. Cada escama
de estos peces primitivos derivaba de una papila dental que se reno-
vaba continuamente —como lo hacen los dientes y los equivalentes
dentículos dérmicos de los tiburones y rayas contemporáneos. El
esqueleto interno de estos animales ancestrales era blando y cartilaginoso, como el de los ciclóstomos actuales.

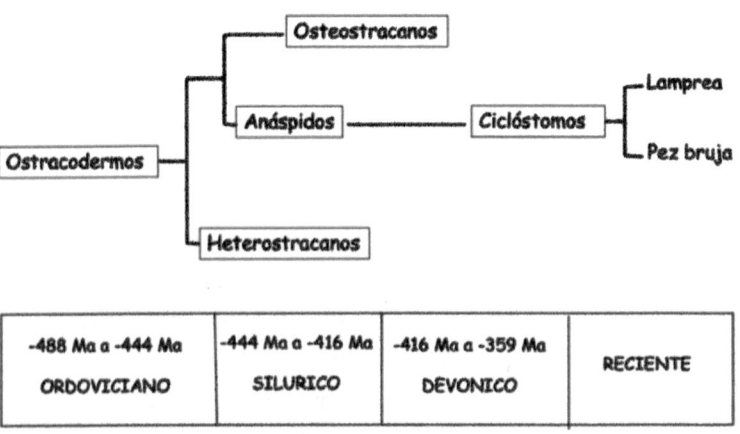

Evolución de los peces agnatos. Durante el período Devónico desa-
parecen todos los peces sin mandíbulas, excepto los ciclóstomos
lamprea y pez bruja, que sobreviven hasta nuestros días (pág. 42).

Los ciclóstomos han interesado a los científicos por carecer de mandíbulas y de los tejidos óseos típicos de los vertebrados. Por ejemplo, la lamprea y el pez bruja comparten una estructura craneal y facial diferente de la de los peces mandibulados actuales (pág. 42). La ya mencionada cresta neural*, elemento central en el desarrollo embrionario, determina estas diferencias puesto que las células de su sección craneal se organizan en una estructura que difiere de la de vertebrados más evolucionados. En estos últimos, las células migratorias de la cresta neural originan las mandíbulas y el cráneo que, como ya vimos, no tienen equivalentes en los ciclóstomos.

A partir del período Silúrico se encuentran también fósiles de peces con placas que poseen mandíbulas articuladas, llamados gnatóstomos (ver capítulo VI en la parte **A** del libro). Entre los más estudiados de este infrafilo* se hallan los placodermos («piel de placas»), que puede que sean primos de nuestros ancestros directos, los peces óseos. Además de tener mandíbulas, esta clase de pez, que también se extinguió en el Devónico, poseía otras novedades evolutivas tales como ser vivíparos* y copular. Estudios sistemáticos de registros fósiles del Paleozoico medio (que engloba al Ordoviciano, Silúrico y Devónico, de -480 a -360 Ma) sugieren que rápidamente después de su divergencia de un tronco común, tanto los agnatos como los gnatóstomos se diversificaron en aguas costeras poco profundas, sujetas a mareas periódicas. Además, las especies más robustas se quedaron cerca de la playa mientras que las gráciles se aventuraron mar adentro.

Una característica única de los vertebrados es la naturaleza de sus partes duras. Como vimos más arriba, los invertebrados poseen exoesqueletos compuestos de carbonato de calcio, mientras que incluso las estructuras óseas de cordados primitivos como los conodontos, están hechas de fosfato de calcio. Se ha especulado bastante acerca de esta diferencia. Una hipótesis explica esta composición por el uso que los seres vivos hacen del fosfato y del calcio en sus metabolismos. Los huesos los almacenarían o eliminarían de manera a regular su concentración en el organismo por el papel fundamental que juegan. Sin embargo, el mismo criterio podría aplicarse en el caso de muchos animales invertebrados. Una explicación alternativa estaría relacionada con la actividad física típica de los vertebrados. Efectivamente, un ejercicio intenso produce grandes cantidades de ácido láctico (el causante de nuestros calambres y dolores musculares) y, en consecuencia, una acidosis* generalizada. Esta última condición causa une disolución leve del esqueleto del vertebrado y genera una limitada hipercalcemia* vascular. Si los huesos estuvieran hechos de carbonato de calcio esa disolución sería bastante mayor —y la hipercalcemia más pronunciada— porque el $CaCO_3$ es más soluble en soluciones ácidas que la hidroxiapatita. Dado que la regulación metabólica de la concentración de Ca^{2+} es esencial, esta solubilidad reducida de los huesos es necesaria, lo que explicaría la selección de la hidroxiapatita en los vertebrados.

Le evolución del esqueleto óseo ha requerido la modificación de estructuras previas que han conllevado la invención de otras nuevas. Las articulaciones son un buen ejemplo: el estudio de la articulación mandibular del pez cebra* ha demostrado que su formación está controlada por el gen *Barx1* que posee una región «homeobox». La mutación de la proteína producida por este gen puede conducir a la expresión ectópica (fuera de su lugar normal) de articulaciones en los arcos faríngeos del pez que remplazan al cartílago normalmente presente en esas estructuras. Estudios de la cronología del proceso muestran que la función de *Barx1* es controlar la diferenciación de células esqueléticas precursoras para formar, o este tejido, o una articulación. Así, es posible que mutaciones en la secuencia del ADN de este gen hayan sido fundamentales para la aparición de articulaciones en vertebrados primitivos, dotados de un esqueleto cartilaginoso.

En todo caso, la evolución (e involución) del hueso ha sido compleja. Por ejemplo, peces «cartilaginosos» mandibulados actuales (elasmobranquios) como la mantarraya y el tiburón, tienen vértebras mineralizadas que demuestran que evolucionaron a partir de un ancestro que tenía huesos. En tetrápodos amniotas (como nosotros) la sustitución cartílago → hueso ocurre en el embrión. Por otro lado, en sapos y ranas el cráneo del renacuajo es completamente cartilaginoso y el conjunto de huesos craneanos del anfibio adulto solo aparece al final de la metamorfosis.

Al hablar de tetrápodos, también es interesante constatar cómo ha evolucionado el esqueleto de sus extremidades. Los peces con aletas lobuladas del clado *Sarcopterygii* que discutimos en la parte A del libro, constituyen el eslabón entre los peces con aletas tipo raya o *Actinopterygii* y los tetrápodos. Así, en las aletas grasas del celacanto (pág. 50), se encuentran estructuras cartilaginosas homólogas al húmero y el fémur, huesos del brazo y la pierna humanos, respectivamente (ver también la figura pág. 55). Además, el examen comparativo de la superfamilia de genes portadores de homeoboxes de este fósil viviente con los de los *Actinopterygii* demostró cambios específicos en la secuencia de las proteínas correspondientes; también se observó una mutación que este pez comparte con tetrápodos modernos. En resumen, la consolidación de los huesos duros a partir de sus equivalentes cartilaginosos es típica de amniotas y de su adaptación a la vida terrestre.

Una vez que estos animales salieron del agua permanentemente, el efecto de la gravedad se hizo sentir mucho más que en un medio acuático donde la flotabilidad lo disminuye significativamente. En el agua, el principio de Arquímedes explica que la fuerza ascendiente sobre un cuerpo sumergido es igual al peso del volumen de líquido desplazado. Por otro lado, la fuerza descendente es simplemente el peso de ese cuerpo. Dado que, por definición, los volúmenes de agua desplazada y del cuerpo son iguales, este último flotará si su densidad es inferior a la del agua. Es lo que ocurre en general con animales como nosotros. Por su parte, los peces regulan su flotabilidad de manera activa modificando su densidad con la cantidad de aire que almacenan en la vejiga natatoria.

Finalmente, podemos concluir que nuestro propio esqueleto es el resultado de la evolución de la estructura ósea de anfibios en reptiles y de estos en mamíferos, con relativamente pocas diferencias de esta estructura entre ellos.

II. El aparato respiratorio

El uso de oxígeno en la respiración tiene una larga y fascinante historia. Como mencionamos en la parte **A** de este libro, este gas aparece en cantidades significativas en la atmósfera de la Tierra hace unos 2 500 Ma; se supone que esto ocurre gracias a la actividad fotosintética de las cianobacterias que secuencialmente rompe dos moléculas de agua (H_2O) —para obtener cuatro electrones (e^-) y energizarlos indirectamente con la luz solar- y elimina el O_2 resultante—. Esos electrones, y los cuatro protones (H^+) que también provienen del agua, son utilizados por estas bacterias para sintetizar moléculas ricas en energía a partir del CO_2 atmosférico. En especies aeróbicas (como nosotros) el proceso opuesto a la fotosíntesis es la respiración celular que usa el O_2 para «quemar» las moléculas que comen (azucares, grasas, proteínas). Se define al oxígeno como «aceptor final de electrones» porque recibe a estas partículas subatómicas provenientes de procesos anabólicos y se transforma en agua según la ecuación siguiente: $O_2 + 4H^+ + 4e^- \rightarrow 2H_2O$. La ventaja de usar el O_2 como aceptor es que la reacción ocurre a un potencial de oxido-reducción* muy positivo. Así, y a pesar de estar ya desprovistos de la mayor parte de la energía que tenían en los alimentos, los electrones correspondientes, que ahora hay que eliminar, todavía logran reducirlo y producir agua. Tal como en una combustión clásica, además del agua, en la respiración celular también se genera CO_2, aunque el proceso biológico es mucho más complejo y la energía —y los desechos— son liberados gradualmente.

Se sabe que la vida comenzó en un mundo anóxico —sin oxígeno— y que los primeros organismos unicelulares eran anaeróbicos* y, en consecuencia, tuvieron que respirar utilizando aceptores finales de electrones que tenían potenciales de oxido-reducción menos positivos que el O_2. En esa época los aceptores típicos eran el nitrato, el sulfato y el CO_2, moléculas que todavía usan para ese fin varias especies de microbios -y una de las fuentes de energía más probable era el hidrógeno que sobre todo emanaba de fuentes hidrotermales y de los volcanes de la Tierra primitiva. Aunque el paso de la respiración anaeróbica a la aeróbica significó una ganancia evidente en la utilización de la energía proveniente de los alimentos, también introdujo un enorme problema: la reducción del O_2 por los electrones ocurre por etapas y dos especies intermedias, el superóxido (O_2^-) y el radical oxidrilo (HO•), son muy reactivas y tóxicas para la vida. De hecho, se piensa que antes de usar a ese gas como aceptor de electrones, los microrganismos ancestrales evolucionaron para producir varias enzimas que sirvieron —y aún sirven— para neutralizar sus efectos negativos como, por ejemplo, la dismutasa del superóxido y la catalasa. Por otro lado, se sabe que concentraciones bajas de O_2 (de 1% a 5%) en los animales —una condición llamada hipoxia- favorecen el crecimiento de los embriones, estimulan la proliferación celular, previenen las anomalías de sus cromosomas y minimizan el estrés oxidante (desgraciadamente, también favorecen la vascularización de los tumores cancerosos). Esto demuestra que a pesar de que la atmósfera terrestre actual contiene 21% de O_2, los organismos que respiran aire reducen en gran medida la concentración de este gas en sus células. En resumen, la historia de la evolución de la respiración aeróbica demuestra que el oxígeno es un «regalo envenenado» y que es necesario mantenerlo a raya para limitar la oxidación biológica y retrasar el envejecimiento y la muerte que conlleva.

Hasta ahora hemos discutido la respiración celular. Pero en el lenguaje corriente cuando hablamos de respiración, en general nos referimos al proceso de inhalar aire para captar O_2 y de exhalarlo para eliminar CO_2. De un punto de vista evolutivo este proceso ha experimentado cambios remarcables. En gusanos planos como los platelmintos, y en las esponjas y los cnidarios —que ya discutimos en la parte **A** de este libro— el intercambio de estos gases se realiza totalmente a través de su difusión pasiva entre estos organismos acuáticos y el agua circundante. Organismos de mayor tamaño, y/o con formas más ovoides, han necesitado la evolución de tejidos respiratorios especializados para realizar este proceso. Por ejemplo, los tunicados como el sifón de mar (pág. 35), hacen circular el agua de mar en el interior de sus cuerpos donde ocurre el intercambio gaseoso.

La respiración acuática en los vertebrados. Como ya lo mencionamos (pág. 33), la aparición de la mandíbula les permitió a peces primitivos respirar con sus mejillas, bombeando agua hacia las agallas o branquias. Estos órganos especializados están compuestos de un tejido fino que forma filamentos muy ramificados y plegados que generan una gran superficie. En estos filamentos una parte del O_2 disuelto en el agua es transferida al torrente sanguíneo —y lo opuesto ocurre con el CO_2. Como la circulación sanguínea y la del agua ocurren en sentidos opuestos, la sangre que circula en la branquia encuentra progresivamente agua más rica en oxígeno. Aparte de la ventilación por bombeo, varios tipos de peces practican lo que se llama ventilación de carnero o de embestida («ram ventilation» en inglés). En este caso, el animal abre ligeramente la boca y deja circular el agua a través de las branquias mientras nada. La ventaja es que así los músculos natatorios también le sirven para respirar. Una desventaja posible es que tenga que nadar todo el tiempo y hacerlo velozmente para oxigenarse adecuadamente. Muchas especies de tiburones tienen ese problema y cuando los pescadores les cortan las aletas —para preparar la famosa sopa— y los tiran de vuelta al mar, ya sin poder nadar se ahogan lentamente. No obstante, algunos tiburones han conservado la ventilación por bombeo y pueden dormir en el fondo marino, sin moverse. Otros peces alternan las dos maneras de ventilar, en función de la situación.

Respiración aérea en los peces. Excepto los esturiones y los arengues, todos los otros grupos de peces poseen especies que respiran aire. Este tipo de respiración debe haber tenido una presión evolutiva muy favorable porque, según algunos autores, ha aparecido de manera independiente entre 38 y 67 veces a partir de ancestros que no respiraban aire. Los peces de varios taxones* tienen pulmones o vejigas natatorias pulmonoides —semejantes a pulmones— mientras que otros poseen agallas, cavidades branquiales, piel, faringe, estómago o, incluso, intestino, que han sido modificados para poder respirar aire. Los especialistas han discutido bastante sobre cuál sería la relación evolutiva entre los pulmones y la vejiga natatoria. Aunque al principio se postuló que el pulmón descendía de la vejiga, se ha demostrado que especies ancestrales de *Actinopterygii* y *Sarcopterygii* ya tenían pulmones. Dado que estos peces carecen de vejiga natatoria, parece lógico postular que el pulmón apareció primero (ver la discusión pág. 48). Una teoría propone que especies de peces ancestrales pulmonados, que habían evolucionado en aguas poco oxigenadas y respiraban aire, perdieron esa facultad al migrar mar adentro y encontrar concentraciones más altas de O_2 en aguas más frías. Sin embargo, aquellas especies, que volvieron a aguas poco profundas, evolucionaron formando una vejiga natatoria u otros tejidos que les permitieron respirar aire nuevamente.

De hecho, la respiración aérea les ha solucionado un problema complejo a muchas especies de peces: por ejemplo, cómo sobrevivir en agua dulce poco profunda y estancada donde la concentración del O_2 disuelto es muy baja. Un caso interesante lo constituyen los peces gatos o bagres, del orden *Siluriformes*. Un estudio ha revelado que el 38% de las especies conocidas de peces que respiran aire son bagres. La razón parece tener que ver con su modo lento de desplazarse y el hecho de vivir en el fondo de lagos. Además, en estos animales la vejiga natatoria está dividida en dos partes. La parte anterior contacta el oído interno y, como veremos más abajo, es esencial para la audición, por lo que mantener una presión interna constante es un asunto de vida o muerte para el bagre. No sorprende entonces que use prácticamente cada parte de su cuerpo, excepto la vejiga natatoria, para respirar aire.

Los peces de la clase Dipnoi que deben forzosamente respirar aire tienen dos pulmones que se extienden por toda la cavidad corporal. Su estructura es similar a las que se encuentran en los anfibios y reptiles actuales.

Respiración aérea en tetrápodos basales. Aquí encontramos de nuevo a *Tiktaalik*, *Acanthostega* e *Ichthyostega* (figura pág. 53). En comparación con los peces ancestrales, estos tetrápodos basales presentaban modificaciones en estructuras óseas craneales —el opérculo y las muescas de espiráculo— que sugieren la transición de estas últimas desde una función respiratoria a la formación de un tímpano auditivo. Dado que sus extremidades no estaban aún adaptadas para moverse en tierra firme y este tipo de audición requiere una cavidad intermedia del oído llena de aire, se puede afirmar que la respiración aérea antecedió a la marcha terrestre.

Anfibios. La etapa evolutiva siguiente nos lleva a discutir la respiración de los anfibios. Esta clase de vertebrados es la única que experimenta cambios morfológicos drásticos durante su desarrollo; es lo que llamamos metamorfosis. En el caso de ranas y sapos, las larvas recién salidas del huevo tienen agallas externas y se alimentan de microalgas. Luego se transforman en renacuajos que tienen cabeza y cola bien definidas y branquias internas. Sin embargo, los renacuajos que viven en aguas poco oxigenadas también respiran aire, lo que es posible a partir de cuatro semanas después de la eclosión, cuando empiezan a desarrollarse sus pulmones. El problema del renacuajo radica en romper la tensión superficial del agua para poder sacar la cabeza fuera y respirar, lo que le resulta difícil a causa de su pequeño tamaño. Estudios llevados a cabo con videocámaras ultrarrápidas han demostrado que los renacuajos posicionan sus bocas en el límite agua-aire desde donde aspiran una burbuja de aire que mezclan en sus bocas con el contenido de sus pulmones. Como el volumen de la mezcla de gases resultante es demasiado grande, el animal elimina el exceso formando pequeñas burbujas que flotan hacia la superficie. Cuando crece, el renacuajo puede respirar sacando la cabeza fuera del agua. Durante gran parte de su metamorfosis, estos anfibios respiran a través de agallas y pulmones indistintamente, pero cuando son adultos absorben sus agallas y pierden la respiración branquial (pág. 50).

En algunos sapos y ranas adultos se observa una respiración pulmonar que tiene sus raíces en mecanismos de ventilación branquial típicos de peces pulmonados: primero el animal llena su cavidad bucal con aire fresco, después exhala el aire viciado de sus pulmones a través de las narinas (oberturas nasales) y termina la inspiración al inhalar el aire fresco bucal. De esta manera, los dos tipos de aire, fresco y viciado, no se mezclan. A este tipo de respiración con las mejillas se le llama bombeo bucal (pág. 49). Este mecanismo es esencial porque los anfibios carecen de respiración costal, es decir, no usan las costillas para respirar y tampoco tienen diafragma. Además, en especies terrestres y acuáticas hasta un 20% del O_2 se absorbe —y entre 40% a 80% del CO_2 se elimina— por la piel, la que debe permanecer húmeda. Este tipo de respiración mixta se debe, probablemente, a que sus pulmones son unicamerales (como un globo), es decir, relativamente simples y poco eficaces.

Reptiles. En estos amniotas basales, como también en otros tetrápodos pulmonados (ver más abajo), el aparato respiratorio posee tres componentes principales para el intercambio de gases: una bomba pasiva, una bomba activada por músculos respiratorios y un sistema nervioso central que coordina la actividad de bombeo —en mamíferos como nosotros la bomba pasiva la constituyen los alveolos pulmonares (figura pág. 101). Los pulmones de los reptiles tienden a ser más grandes que los de los mamíferos, pero solo tienen el 10% de su superficie interna y son más húmedos. Existen al menos tres tipos de sistemas respiratorios en estos animales. El de las tortugas se parece bastante al de los mamíferos, con músculos que imitan la función del diafragma, aunque no tienen ninguna relación filogenética* con él. Los cocodrilos, como los mamíferos, poseen músculos que expanden su cavidad pectoral y, por otro lado, su respiración implica el desplazamiento del hígado, que funciona como un pistón. También tienen músculos que cumplen la función del diafragma, pero no son homólogos ni al de los mamíferos ni al equivalente de las tortugas. Se trata de mecanismos de evolución convergentes. Tanto las tortugas como los cocodrilos tienen pulmones multicamerales, una característica de todos los amniotas, que está relacionada con su adaptación al medio terrestre. Una excepción a esta regla sería el sistema respiratorio de las lagartijas que por tener pulmones unicamerales se parece al de los anfibios. Sin embargo, los embriones de estos reptiles tienen pulmones multicamerales que se simplifican en el adulto. Una explicación posible es que, dado que los ancestros de las lagartijas eran minúsculos, si hubieran tenido pulmones con varias cámaras sus espacios internos habrían sido extremadamente pequeños y la gran tensión superficial resultante habría dificultado su expansión. Por último, las serpientes solo tienen un pulmón activo y también es unicameral.

Mamíferos. Los miembros de la clase *Mammalia* se caracterizan por tener una respiración costal. Potencialmente, este tipo de respiración presenta el inconveniente de provocar el movimiento de las vísceras abdominales en cada ciclo de inhalación-expiración. Como ya vimos, en general los amniotas presentan separaciones musculares internas que limitan ese movimiento; en el caso de los mamíferos ese músculo es el diafragma. Sus pulmones, que presentan una estructura ramificada que se define como broncoalveolar (figura pág. 101), están permanentemente sujetos a variaciones de presión externa causadas por la sangre bombeada por el corazón y el aire bombeado por las contracciones de los músculos respiratorios. En nuestra especie, cada pulmón es diariamente ventilado por cerca de 12 000 litros de aire y bañado por 6000 litros de sangre. Además, este órgano tiene una superficie total equivalente a una cancha de tenis (140 m^2), concentrada en su volumen de 4,5 litros, contiene el 9% del volumen sanguíneo total y recibe la totalidad de la sangre proveniente del corazón. Aparte de intercambiar gases, el pulmón de los mamíferos participa en la regulación de la inmunidad, la producción, regulación y el metabolismo de neurotransmisores, tales como la serotonina y la adrenalina, y al equilibrio térmico y la conservación hídrica del organismo. A causa del equilibrio delicado que existe entre tener una barrera 'sangre-aire' fina y la necesidad de mantener la integridad estructural de los tejidos durante cambios en la intensidad de la respiración, la evolución ha dotado al pulmón del mamífero con más de 40 tipos distintos de células. Las de las partes altas del sistema respiratorio participan en la defensa contra patógenos aéreos y son tan eficientes que, normalmente, el aire que se encuentra bajo la laringe es estéril.

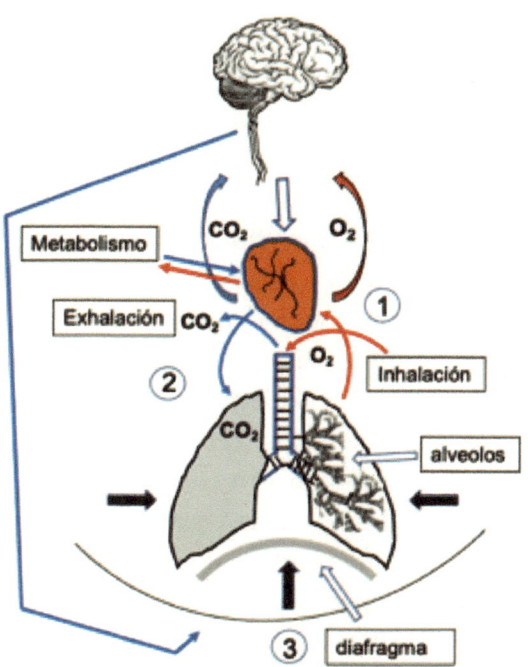

La respiración pulmonar es más fácil de describir que la respiración celular que la origina porque la observamos todo el tiempo. **1**. El O_2 llega a los pulmones durante la inhalación, donde difunde a través de los alveolos y es transportado por la hemoglobina sanguínea hasta el corazón, para luego ser distribuido a las diferentes células del cuerpo (flechas rojas). **2**. Lo mismo hace en sentido opuesto el CO_2, desecho metabólico que sale de las células, se fija à la hemoglobina y, al llegar al pulmón, pasa a través de los alveolos y se elimina al exhalar (flechas azules). **3**. Este proceso es coordinado por el sistema nervioso central que regula la acción de los músculos intercostales y del diafragma (flechas negras) en función de las concentraciones de O_2 y CO_2.

En resumen, los cambios experimentados en el sistema respiratorio a través de la evolución se pueden describir de la manera siguiente: pez (agallas, pulmón simple, vejiga natatoria) → anfibio (agallas, pulmón unicameral) → reptil (pulmón multicameral, músculos parecidos al diafragma) → mamífero (pulmón broncoalveolar, diafragma). El pulmón broncoalveolar es una versión evolucionada —de origen puramente terrestre— del pulmón multicameral.

No hemos discutido el sistema respiratorio de las aves porque no se encuentran dentro de nuestro linaje evolutivo. Sin embargo, es interesante señalar que, aunque deriva del de los reptiles, su sistema posee varias modificaciones transcendentales: sacos aéreos anteriores y posteriores y pulmones parabronquiales (el parabronquio está constituido de tubos aéreos de los que salen capilares por los que circula el aire hacia sacos no respiratorios que lo almacenan durante los ciclos de respiración). La combinación de sacos aéreos y pulmones permite a las aves hacer circular la sangre y el aire en direcciones opuestas, lo que conlleva un intercambio de gases muy eficaz. En comparación, generalmente se considera que llegar a la cima del monte Everest (8849 m) representa el límite vital para un(a) montañista bien entrenad@, sin usar oxígeno. Pero, si en lugar de tener los pulmones broncoalveolares del mamífero, esta persona tuviera pulmones parabronquiales como las aves, podría subir unos 800 metros más, sin asistencia respiratoria.

III. EL SISTEMA CARDIOVASCULAR

Como acabamos de ver, la respiración y la circulación sanguínea forman parte de un todo que sirve a oxigenar las células de los distintos tejidos del cuerpo. Al discutir la evolución de los cordados vimos que persiste una duda con respecto al origen del corazón porque el anfioxo, que no lo posee, tiene una circulación vascular cerrada como la de los vertebrados mientras que los urocordados, que tienen un corazón rudimentario, muestran una circulación vascular abierta (pág. 40). En resumen, no es posible concluir a partir de estos elementos anatómicos cual fue el sistema circulatorio del ancestro común de los cordados. El problema, que también se encuentra en otros estudios evolutivos, es que un organismo dado puede evolucionar hacia un estadio más complejo o, al contrario, simplificarse, en función de las exigencias de su medio ambiente. Así, en el primer caso, uno de sus órganos puede aún conservar caracteres primitivos, y en el segundo, tener caracteres derivados o 'simplificados secundariamente'. Por ejemplo, sabemos que el corazón de los vertebrados ha experimentado una simplificación de su anatomía. Esta conclusión se debe a un análisis excepcional del fósil de un pez que vivió hace unos 120 Ma, encontrado en Brasil por J. Xavier-Neto y sus colegas. En general, a la diferencia de los huesos, los órganos no se fosilizan fácilmente debido a su descomposición después de la muerte. Solo en casos extraordinarios el animal muerto puede, por ejemplo, enterrarse en el sedimento de un lago poco profundo, con aguas pobres en O_2, donde muchas bacterias y otros necrófagos no pueden prosperar. El estudio del corazón fosilizado de este pez con aletas tipo raya (*Actinopterygii*) se realizó en el Sincrotrón de Grenoble, Francia, usando una técnica llamada microtomografía de rayos X. Lo interesante de este trabajo es que ese corazón tenía cinco filas de válvulas, lo que lo ubica entre versiones ancestrales que pudieron tener unas 10 filas, y la versión moderna de las rayas que disponen de una sola.

Cuando se analizan las diferencias en la anatomía de la bomba peristáltica entre cefalocordados (anfioxo) y urocordados (tunicados), es obvio que tuvieron el tiempo suficiente para divergir y especializarse a partir de su ancestro cordado común. Por esta razón no es fácil identificar las posibles características comunes heredadas de ese ancestro. Una manera obvia de tratar de elucidar los cambios experimentados por la circulación desde sus principios es estudiar la evolución de las cámaras cardíacas y los vasos peristálticos. Al usar este enfoque, dos esquemas son posibles (pág. 40): (i) la evolución del sistema centralizado con un corazón rudimentario de un ancestro del urocordado hacia el corazón de los tunicados modernos y el más evolucionado del vertebrado, y (ii) su regresión hacia el sistema descentralizado del cefalocordado. Por otro lado, si se concluye que el anfioxo no posee ningún tipo de cámara cardíaca, se puede postular el proceso siguiente: (i) el ancestro cordado tenía una bomba peristáltica o un corazón rudimentario similar al de los urocordados, además de otras bombas peristálticas accesorias y una circulación abierta; (ii) los urocordados consolidaron la bomba principal y perdieron las accesorias y (iii) el ancestro cefalocordado/vertebrado mantuvo la disposición de la bomba peristáltica ancestral y desarrolló una circulación cerrada. Solamente el anfioxo adoptó una circulación descentralizada, con múltiples bombas.

Una alternativa a este esquema es postular que el seno venoso (SV) del anfioxo que se contrae y se ubica detrás de la faringe, constituye una cámara vestigial. Las predicciones con respecto al ancestro cordado y los cambios en los urocordados son las mismas que en el primer caso. La diferencia es que el ancestro cefalocordado/vertebrado habría tenido por lo menos dos cámaras cardíacas que solamente experimentaron una regresión en el anfioxo. Otros cefalocordados las habrían conservado e incluso mejorado. Por su parte, los vertebrados habrían perfeccionado el sistema cardiovascular del ancestro cordado y desarrollado su corazón típico con cuatro cámaras (figura pág. 105). La sugerencia de que el SV es el vestigio de una bomba sofisticada que existía en el ancestro cefalocordado/vertebrado es parsimoniosa ya que evita tener que proponer que la primera cámara peristáltica haya sido un SV, con una fuerza de contracción muy limitada.

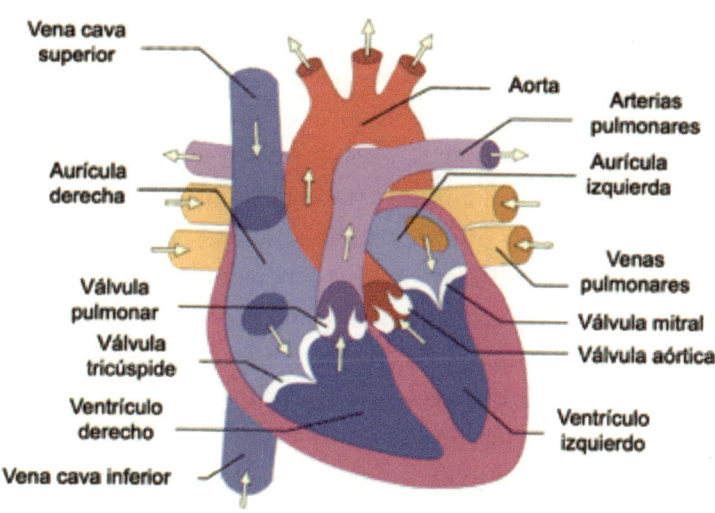

https://fr.wiktionary.org/wiki/heart

Corazón humano. La figura muestra las cuatro cámaras cardíacas: dos aurículas y dos ventrículos. La aurícula derecha recibe la sangre venosa cargada de CO_2, la envía a través de la válvula tricúspide al ventrículo derecho que se contrae y la sangre sale por las venas pulmonares hacia el pulmón. La sangre oxigenada vuelve del pulmón a la aurícula izquierda a través de la arteria pulmonar, atraviesa la válvula mitral hacia el ventrículo izquierdo y desde allí es impulsada a través de la aorta y llega al resto del cuerpo. Un elaborado sistema de apertura y cerrado de las válvulas controla la dirección de la circulación sanguínea. De la aorta salen las carótidas que llevan la sangre al cerebro y tienen receptores que monitorean su contenido en O_2 y la presión sanguínea y provocan respuestas que mantienen sus valores (si es posible) dentro de niveles normales al estimular los nervios que las regulan.

La aparición y configuración de las cámaras cardiacas a través de la evolución parece haber dependido sobre todo de la señalización por el ácido retinoico (AR) que es sintetizado por una enzima llamada retinaldehído deshidrogenasa (Raldh2). Estudios de la expresión de la Raldh2 llevados a cabo con pollos y ratones han demostrado que en los vertebrados la concentración tisular de AR determina la división entre las aurículas y los ventrículos, que son las cámaras de acceso y salida de la sangre en el corazón, respectivamente (figura pág. 105). Es posible, entonces, postular que este mecanismo de señalización existía ya en el amniota ancestral y tal vez exista también en anfibios y peces. Lo que se sabe es que en estos últimos el AR influye en la diferenciación del tejido cardíaco. En los tunicados, la expresión de la Raldh2 también determina la formación de cámaras. Incluso en cordados basales, como el anfioxo, se ha demostrado que el AR interviene en el desarrollo embrionario, aunque no se sabe si participa en la formación de sus bombas peristálticas.

A pesar de que, como en otros casos, la evolución del sistema cardiovascular ha seguido un camino bastante tortuoso, se ha logrado explicarla en gran medida. Dado que las enfermedades cardíacas son una de las principales causas de muertes humanas, conocer mejor el nuestro y sus problemas debería ayudarnos a tratarlas.

IV. El sistema digestivo

Alimentarse es una actividad esencial para todo ser vivo. Lo que varía es el mecanismo. En general, los animales más simples habitan en océanos y lagos y poseen una digestión intracelular. Por ejemplo, las esponjas tienen dos tipos de células para nutrirse, los pinacocitos, que internalizan líquidos y los arqueo(amebo)citos, que captan las partículas alimenticias que entran en el espongocelo (pág. 20). Estas células, que no secretan enzimas digestivas, realizan una digestión interna y están emparentadas con protistas unicelulares como los coanoflagelados (pág. 21). Su rol es distribuir los nutrientes a otras células y son pluripotentes (pueden cambiar de tipo en función de la situación). La digestión intracelular que resulta de la fagocitosis es un proceso complicado. Por un lado, está limitada por el tamaño y cantidad de las células que la ejecutan y, por otro lado, requiere vesículas lisosomales que se usan una sola vez y consumen energía para poder mantenerlas a un pH ácido, lo que es esencial para su funcionamiento. Incluso en los simples placozoos la evolución favoreció la aparición de la digestión extracelular. A animales más complejos les permite alimentarse de presas relativamente grandes, lo que, eso sí, requiere la formación de una cavidad gástrica. En olfactores* -tunicados y vertebrados- la fagocitosis solo ocurre en células del sistema inmune sanguíneo o en el sistema nervioso.

Los cnidarios (medusas, pólipos, hidras, anemonas) tienen una cavidad gastrovascular en forma de saco con un único orificio que les sirve a la vez de boca y ano. Su digestión se realiza en dos etapas; primero las presas atrapadas son fragmentadas en la cavidad gastro-vascular por enzimas secretadas por células glandulares exocrinas*, también llamadas células zimógeno. Enseguida, células gastroderma-les las fagocitan o pinocitan, en función del tamaño de las partículas, y el proceso digestivo se acaba en los lisosomas* intracelulares. En la hidra, las células zimógeno se transforman en células secretoras de moco que capturan las partículas alimenticias. Por su lado, los ctenóforos poseen una boca y poros anales diametralmente opuestos (pág. 25). El simple placozoo se distingue otra vez ya que, como vimos, su superficie ventral se transforma en una especie de saco y secreta enzimas directamente sobre lo que va a comer, por ejemplo, bacterias y microalgas y luego absorbe las partículas digeridas.

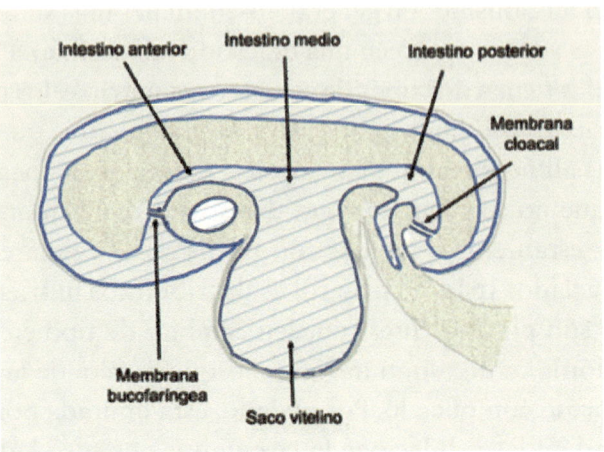

Intestino primitivo embrionario de los cordados. (Adaptado de Roa & Meruane, *Int. J. Morphol.* (2012) 30, 1285-1296)

Los protocordados (anfioxos, tunicados) se alimentan de nutrientes en suspensión acuosa. Su sistema digestivo (SD), tal como el de los cordados en general, se divide en secciones anterior, media y posterior («fore»-, «mid»- y «hindgut» en inglés; ver figura). El anfioxo tiene además digestión intracelular puesto que posee células epiteliales fagocíticas en su tracto digestivo. En la faringe de este animal se encuentra un órgano llamado endostilo que secreta un moco al que se adhieren los nutrientes formando una especie de cordón. Este cordón transita por el esófago y el intestino medio (también llamado estómago, aunque no forma una cavidad), donde se encuentran enzimas secretadas por éste, y por el ciego («cecum») hepático*. Finalmente, los residuos atraviesan el intestino posterior y son evacuados.

En los tunicados, que tienen un SD en forma de «U», ocurre un proceso similar, pero en lugar del ciego hepático se ha descrito un hepatopáncreas* (o glándula pilórica), ubicado a continuación del estómago. Estudios histológicos de los tejidos respectivos han demostrado que nuestro hígado se asemeja más al hepatopáncreas que al ciego hepático. Además, esa diferencia también es funcional ya que este último expresa genes relacionados a la vez con la digestión extra e intracelular que nuestro hígado no realiza.

Aunque los equinodermos adultos —erizos y estrellas de mar— presentan una simetría pentarradial*, sus larvas son bilaterales y tienen un intestino con orientación anteroposterior, músculos gastrointestinales, células de tipo pancreático y neuronas faríngeas. Desde un punto de vista filogenético*, son los primeros animales que asocian células intra y exocrinas, responsables de la secreción de la hormona insulina y de enzimas digestivas, respectivamente. Estas células se originaron a partir de neuronas en un ancestro deuteróstomo. De hecho, incluso en los vertebrados, hay una relación estrecha entre el sistema digestivo y una parte del sistema nervioso intrínseco que lo controla a través de neurotransmisores y neuromoduladores, y que se ubica entre capas musculares del tracto gastrointestinal.

Los vertebrados (peces, anfibios, reptiles, aves y mamíferos) tienen SD muy similares caracterizados por poseer glándulas orales, páncreas y el sistema biliar hepático. Además de los intestinos con secciones anterior, media y posterior, descritas en los protocordados, se agrega una sección bucal frontal y una población bacteriana muy numerosa, llamada microbiota, que puede ayudar a la digestión. En general, los vertebrados carnívoros tienen un SD relativamente simple porque su comida es muy rica en energía y relativamente fácil de digerir. Esto no ocurre con los herbívoros que deben extraer nutrientes a partir de grandes cantidades de vegetales que son difíciles de digerir y, por esa razón, como veremos más abajo, estos animales poseen los SD más complejos de los vertebrados.

La transición de vertebrados desde mares y lagos hacia la tierra, inicialmente de peces a anfibios y luego de estos últimos a reptiles, provocó cambios en su manera de alimentarse y en su gestión del agua. Las larvas de los anfibios no tienen estómago, pero poseen un hígado que secreta bilis y otro órgano compuesto de tejido pancreático. Su metamorfosis en carnívoros terrestres implica cambios profundos en el SD los que incluyen: (i) la aparición de una boca con dientes y una lengua larga, (ii) glándulas orales que secretan moco (para facilitar la deglución), (iii) un estómago para almacenar nutrientes e iniciar su digestión y (iv) un intestino posterior que termina en una cloaca. Los reptiles tienen un SD parecido al de los anfibios adultos. Sin embargo, también hay diferencias. En algunas serpientes se distinguen colmillos y una mandíbula que se dilata gracias a un par de huesos laterales y les permite tragar presas enteras, incluso más grandes que ellas. Otros reptiles tienen mandíbulas que funcionan como tijeras y aunque son capaces de capturar, cortar o despedazar su comida, en general, no la mastican como lo hacen los mamíferos.

Los mamíferos herbívoros como el conejo, carnívoros como el perro o el gato, y omnívoros como nosotros, poseen un solo estómago o cámara gástrica y, en consecuencia, se les llama monogástricos. En principio, como ya se mencionó más arriba, ser monogástrico permite una digestión relativamente simple de alimentos, como la carne, muy ricos en proteínas que son directamente degradables por las enzimas gástricas. La excepción del conejo es interesante. Aunque solo tiene un estómago simple, su intestino delgado y su ciego son relativamente más largos que los de un carnívoro, lo que le facilita la digestión de materia vegetal. De hecho, estos roedores digieren su comida dos veces: después de una primera digestión, los residuos se acumulan en el ciego y forman bolitas grises relucientes llamadas cecótrofos que son evacuadas por el recto desde donde el conejo las recoge y luego se las come. Estas bolitas se diferencian de las heces definitivas que son negras y secas. Gracias a la acción de bacterias intestinales los reciclados cecótrofos contienen vitaminas y otros nutrientes útiles para el conejo.

Comer solamente hojas, tallos y ramas de plantas, como lo hacen la mayoría de los herbívoros, es complicado porque gran parte de la energía potencialmente aprovechable reside en la celulosa, un polímero de azúcar que les sirve de estructura y que los animales no pueden digerir directamente. La solución ha radicado en dejar que algunos tipos de bacterias, que sí tienen una enzima específica llamada celulasa, colonicen sus sistemas digestivos y degraden ese carbohidrato complejo. Es lo que se llama digestión simbiótica. Los que mejor realizan este proceso son los rumiantes: bovinos, ovinos, caprinos, cérvidos, jirafas y antílopes. Estos animales rumian (mastican) sus alimentos —que pueden ser recién ingeridos, o regurgitados y masticados de nuevo— durante largos períodos. Desde el punto de vista de la evolución biológica la rumia es un invento muy eficaz que permite a una gran cantidad de herbívoros alimentarse de una vegetación relativamente pobre en energía, pero en general abundante y fácil de obtener.

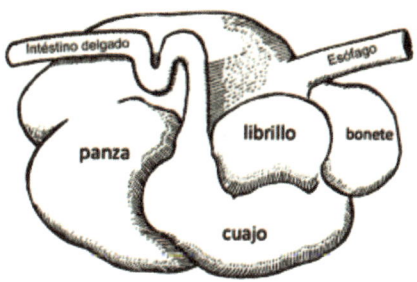

Las cuatro cámaras del estómago complejo de rumiantes como la vaca y la oveja. (Adaptado de https://es.wikipedia.org/wiki/Omaso).

El estómago de los rumiantes es muy voluminoso y consta de 4 compartimentos que alojan grandes cantidades de bacterias útiles. Aunque frecuentemente se les llama rumen, retículo, omaso y abomaso, aquí he preferido usar los nombres que aprendí en el colegio: panza, bonete, librillo y cuajo (o cuajar), (figura), los que también se encuentran en la literatura. Los 3 primeros constituyen la región pregástrica —donde las bacterias se multiplican y fermentan los alimentos—; el cuajo equivale al estómago de los carnívoros y omnívoros puesto que es ahí donde se secretan las enzimas digestivas y se dirigieren las bacterias provenientes de la panza. A otro grupo de herbívoros, que incluye al hipopótamo y a las llamas, alpacas, guanacos y otros camélidos, se les llama pseudo-rumiantes porque los 3 compartimentos de sus sistemas digestivos no son homólogos a los de los verdaderos rumiantes. Además, su regurgitación sigue un mecanismo diferente.

Antes de cerrar esta sección vamos a discutir la digestión de los primates, orden al que pertenecemos. Como en los otros mamíferos, la transformación del almidón ingerido en glucosa empieza en la cavidad bucal con la acción de una enzima llamada amilasa. Como acabamos de ver, la digestión de la celulosa es más problemática. Sin embargo, y tal como los rumiantes, los primates herbívoros tienen las bacterias necesarias para fermentar este polisacárido en su tracto digestivo. Además, la fermentación bacteriana produce ácidos grasos que también son asimilados por el animal. Dependiendo de la especie, los monos poseen dos tipos de fermentación: anterior gástrica en los colobinos, que comen sobre todo hojas y tienen el estómago más complejo de los primates con 4 cámaras; y posterior en prosimios, monos del Nuevo Mundo, cercopitecos y hominoides, que comen alimentos más fáciles de digerir y poseen un segmento ciego-colónico que dobla en superficie al de otros mamíferos (aunque nosotros tenemos un colon relativamente pequeño).

La mayor parte de la dieta de origen animal de los primates la constituyen insectos y otros artrópodos, aunque ocasionalmente también puede incluir pequeños vertebrados. En general, este tipo de alimento es fácil de digerir en el estómago y en el intestino delgado. El único problema es la capa de quitina del exoesqueleto del insecto que tiene que romperse con los dientes o debe ser degradada por une enzima digestiva microbiana específica, la quitinasa. Aunque la presencia de esta enzima haya sido demostrada en el SD de solo algunos primates, es muy probable que exista en todos aquellos que se nutren de insectos. Los tarseros, que son carnívoros estrictos, tienen un ciego voluminoso, bien adaptado a la degradación bacteriana de la quitina en su interior.

Nuestros parientes cercanos, los homínidos —que incluyen a los gorilas, chimpancés y bonobos— son vegetarianos. Sin embargo, se sabe que, de vez en cuando, grupos de chimpancés organizan redadas para cazar monos jóvenes y comérselos, empezando por el cerebro. Esta observación ha interesado a varios investigadores que han especulado sobre su significado: ¿por qué esa preferencia? El cerebro tiene mucha materia grasa y sus componentes ayudan al desarrollo neurológico del chimpancé. Pero si el mono cazado es un adulto, será más difícil acceder al cerebro en el interior del cráneo y en ese caso empezarán por comerse el hígado. Queda bastante claro que la necesidad de alimentarse es una de las razones para partir a cazar. Sin embargo, diferentes grupos de chimpancés tienen hábitos distintos; algunos comen huevos y otros no, y no todos prefieren devorar el cerebro. Se supone que hay un elemento cultural en esas conductas y es posible que existan tradiciones aprendidas de sus antepasados que jueguen un papel en la elección de las partes que se van a comer.

Dado que tenemos un ancestro común relativamente reciente con los chimpancés (5-8 Ma) vale la pena estudiar la manera en que estos cazan monos. Aunque estos simios normalmente no comparten su comida, eso no ocurre con la carne cazada, que se distribuye entre los miembros del grupo. Es tentador especular que este tipo de repartición pudo constituir en nuestros ancestros un comportamiento que evolucionó y se transformó en la vida social típica de los humanos. Como vimos en la parte **A** de este libro, al comer carne, rica en calorías, nuestros ancestros pudieron alimentar un cerebro más voluminoso. Con el tiempo este cambio de dieta condicionó el tamaño de nuestro SD que, al procesar principalmente comida calórica y fácil de digerir, se redujo en comparación con el de otros primates.

V. El sistema nervioso

En esta sección nos vamos a interesar en el origen del sistema nervioso (SN) desde la aparición de los primeros animales macroscópicos en el Precámbrico (período Ediacárico) hace unos 600 Ma. Los fósiles más comunes pertenecen al género *Dickinsonia*, especialmente *D. costata* (figura pág. 114). Los dickinsonidos eran animales achatados, supuestamente bilaterales, que poblaban los hábitats marinos poco profundos en cuyo fondo proliferaban esteras (o tapetes) de bacterias. Trazas minerales asociadas a estos organismos indican que se desplazaban moviendo sus cilios sobre estas esteras, donde secretaban enzimas y luego absorbían el producto de la digestión externa de bacterias a través de su epitelio ventral. Sus fósiles no muestran ninguna evidencia de órganos sensoriales ni de un SN.

Impronta fósil de *Dickinsonia costata* (período Ediacárico, 580 Ma). (Wikipedia).

Trichoplax adhaerens, el único representante conocido del filo moderno de los placozoos (pág. 17), se parece bastante a *D. costata* y, aunque es mucho más pequeño, usa la misma estrategia alimentaria. Aunque se desconoce la relación evolutiva entre placozoos y dickinsonidos hay dos posibilidades lógicas: o los primeros existían ya en el período Ediacárico (y en ese caso *Trichoplax* sería un sobreviviente de los *Dickinsonia*), o evolucionaron por simplificación, a partir de un ancestro más reciente que muy probablemente poseía un SN.

Alimentarse de bacterias de una estera requiere poder seguir gradientes de luz —que estimulan la fotosíntesis por cianobacterias y su producción de moléculas ricas en energía— además de otros indicios que determinan la abundancia local de microbios. Una gran cantidad de organismos actuales (plantas, hongos, placozoos) demuestra que la búsqueda de gradientes no necesita ni órganos sensoriales, ni neuronas, ni un SN o músculos. Podemos entonces concluir que el modo ancestral de detección de gradientes, y también de obstáculos físicos, era bastante simple. Efectivamente, organismos ciliados unicelulares actuales detectan esos obstáculos eléctricamente gracias a la presencia de canales cálcicos* en sus membranas.

Pero buscar comida o eludir obstáculos no es la única actividad necesaria a la supervivencia. También hay que evitar ser comido. Si varios dickinsonidos se alimentaban de una misma estera bacteriana es posible que, ocasionalmente, uno de ellos se posara sobre un congénere y comenzara a digerirlo. Aunque al principio esto pudo ser accidental, la obvia ventaja de nutrirse de una presa rica en energía habría favorecido la aparición de una conducta carnívora (y además caníbal). Dado que las consecuencias de ser comido son inmediatamente mucho más graves que las de no comer, la selección natural habría favorecido el desarrollo de una conducta de escape en las presas potenciales. Para un animal sin órganos sensoriales la manera más obvia de detectar a un depredador es el contacto físico; pero puede que ya sea demasiado tarde para escapar. Por suerte para esas presas simples hay otra manera de sentir su presencia. Tal como los organismos ciliados unicelulares, los placozoos generan campos eléctricos en sus membranas que se modifican cuando otro animal se acerca a ellos. Esa modificación la detectan, como en los ciliados, sus canales cálcicos. Estas proteínas responden al campo eléctrico de un «contacto distante» permitiendo el tránsito de iones Ca^{2+} a través de la membrana celular lo que modifica su polarización. La onda cálcica se propaga entre células epiteliales y altera el movimiento de los cilios de células de fibras contráctiles activándolas. De esta manera, este «contacto distante» condiciona su huida. Es posible que en organismos primitivos la despolarización no haya determinado claramente la dirección de ese contacto, pero aun así debe haber sido ventajosa ya que perduró a través de la evolución. En conclusión, es probable que la electro-percepción se haya originado en el ancestro de todos los bilaterales, o incluso en el de todos los animales dotados de un SN.

En general, la selección natural no favorece la huida de una presa potencial en cuanto detecta a un depredador. Esto se explica por el coste que implica no poder alimentarse al escapar. De hecho, existe un compromiso entre el nivel de la amenaza y el momento óptimo para huir. Por ejemplo, en el caso de rumiantes modernos, mientras más nutritiva sea la hierba más tardarán en escapar de un depredador. Esta conducta está determinada por la interacción entre las diferentes neuronas de su SN y demuestra que la evolución de este tipo de células fue la solución que surgió de la selección natural. Tal como lo mencionamos en la sección precedente, la conexión entre alimentarse y escapar explica la relación que existe entre la evolución del SD y la del SN. Por ejemplo, esta relación es evidente si se considera que el ácido glutámico, producto de la digestión de muchas proteínas, es también el neurotransmisor sináptico más común.

Si nos basamos en los placozoos y su posible semejanza con los dickinsonidos, es posible que las primeras neuronas hayan derivado de las células epiteliales de estos últimos. Estas neuronas habrían sido del tipo «integración y disparo» («spiking neurons» en inglés). El umbral de activación del disparo neuronal probablemente evolucionó en función de la calidad de los nutrientes disponibles y de la distancia óptima para escapar. Esta ventaja evolutiva explicaría la aparición de los potenciales de acción que, aunque son energéticamente caros, transmiten la señal nerviosa que depende del paso de iones a través de canales proteicos insertos en la membrana neuronal (figura).

El origen de las neuronas a partir de células epiteliales tiene sentido porque, como vimos en la parte **A** de este libro, los cnidarios y ctenóforos, que son animales simples, tienen un sistema nervioso «difuso» que cubre todo su epitelio parietal, sin una integración central (no hay cerebro). A pesar de su simpleza, estos animales ya tienen un mecanismo de contracción muscular similar al de animales bastante más evolucionados. Esto demuestra que sus movimientos no requieren un sistema nervioso centralizado puesto que los músculos son activados localmente.

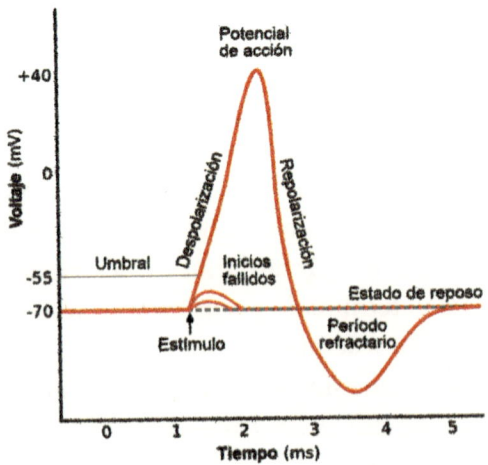

Potencial de acción neuronal. (https://blog.mdurance.eu/academia/el-potencial-de-accion/).

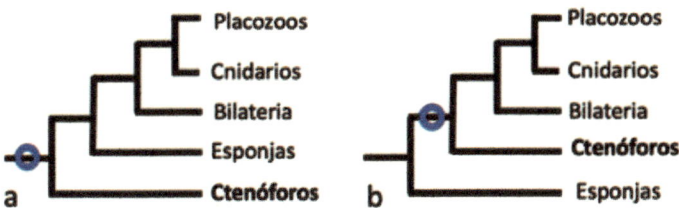

Posible clasificación filogenética de Placozoos, Poríferos (Esponjas), Cnidarios y Ctenóforos en función de sus sistemas nerviosos y organización de sus genomas. **a:** Los ctenóforos son la agrupación «hermana» («sister group»), de todos los otros animales; **b:** Esa clasificación correspondería a las esponjas. O = origen del sistema nervioso. Un estudio reciente favorece el esquema **a**. Los placozoos, aunque no tienen sistema nervioso, poseen los genes correspondientes. La figura también muestra la posible relación que los *Bilateria* tienen con los animales diploblásticos.

Datos muy recientes sobre la distribución de genes en el ADN de esponjas y ctenóforos, sugieren que estos últimos son los candidatos más calificados para provenir directamente del ancestro común de todos los otros animales y ser «hermanos» de ellos. Las dos alternativas comúnmente consideradas están representadas en la figura que muestra las posibilidades de clasificación filogenética de Placozoos, Poríferos, Cnidarios y Ctenóforos en función del origen de sus sistemas nerviosos y también de la organización de sus genomas. Todos estos animales son diploblásticos*.

Bilaterales. Los bilaterales simples protocordados (tunicados y cefalocordados) tienen una organización nerviosa centralizada heredada del urbilateral. Se ha postulado que el SN de este ancestro se formó a partir de su equivalente difuso en cnidarios que, al evolucionar, se polarizó formando un SN «apical», responsable de la fisiología general del organismo, y un SN «blastopórico»* que coordinaba la locomoción y los movimientos de captura de alimentos. La figura (pág 118) muestra la supuesta estructura ancestral del sistema nervioso central de los tunicados adultos. Varios nervios emergen del cerebro y su número varía bastante en los diferentes taxones de este subfilo. En la mayoría de los tunicados el cerebro se asocia en su parte ventral con una glándula subneural para formar el complejo neuronal (figura pág. 35).

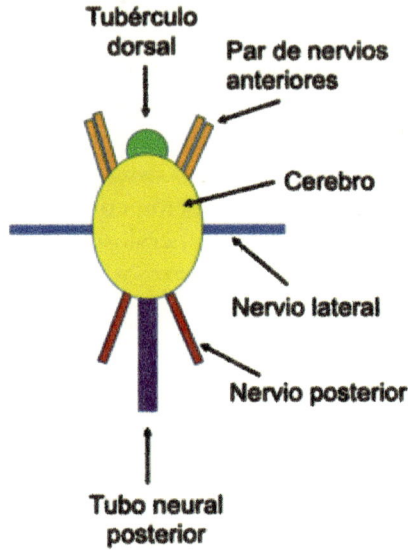

Esquema del cerebro y nervios de un tunicado ancestral. (Adaptado de Braun & Stach, J. Zool. Syst. Evol. Res. (2019) 57, 323-344)

Por otro lado, la semejanza estructural entre el SN dorso-tubular de la larva de los tunicados y el cerebro de los cordados es lo suficientemente extensa como para considerarla el resultado de una relación evolutiva. Esta conclusión se ha reforzado recientemente con el análisis de la expresión de varios genes tunicados involucrados en el SN y receptores sensoriales. Por ejemplo, el ocelo de la larva ascidia que expresa el gen *Pax6**, podría ser el homólogo del ojo derecho de los vertebrados; y la expresión de otros 3 genes de tipo *Pax* provocaría el aumento del espesor de una región de la epidermis embrionaria y generaría una estructura homóloga a las placodas* del cerebro de los vertebrados que originan el oído. Por otro lado, la cresta neural*, esencial para la formación de órganos en los cordados, no tiene su equivalente directo en la larva ascidia. Sin embargo, el ADN de esos animales posee un gen que también se encuentra en caracoles, y que en vertebrados se expresa en una región que genera células de la cresta neural. Esta observación favorecería el origen de esta última en un pre-vertebrado ancestral.

En el cefalocordado anfioxo adulto el SN consiste en un cordón nervioso sencillo compuesto de células que emiten fibras sensoriales y motoras las que en la región ventral se conectan con las vísceras, los músculos y el tegumento*. No hay cerebro. Sin embargo, en las larvas jóvenes, la parte anterior del cordón nervioso es más voluminosa y se le llama vesícula cerebral. En la región dorsal de este animal existe otro sistema sensorial que detecta la luz a través de una mancha pigmentaria, especie de ojo muy primitivo (pág. 36). Como ya se mencionó, el anfioxo posee neuronas quimiorreceptoras que cubren toda su epidermis. De hecho, el análisis de la expresión neurogénica* en ese tejido ha demostrado que posee una complejidad inesperada, comparable a la del SN de animales más evolucionados. En el estado embrionario, su piel parece seguir un desarrollo antero-posterior codificado por genes *Hox* que cuando se combina con la expresión de otros genes divide a la epidermis en regiones específicas, delimitadas perpendicularmente con respecto al eje longitudinal del anfioxo. La distribución de neuronas periféricas sensoriales en este tejido sugiere que derivan de células pluripotenciales que migran al interior de cada una de esas regiones y se diferencian en varios tipos según un programa genético bien determinado.

Aunque la pluripotencialidad de esas células es bastante menor que la de las que componen la cresta neural de los vertebrados, la semejanza entre ellas sugiere que el SN neuronal del anfioxo representa un estado intermediario entre la red epidérmica neuronal difusa de los hemicordados y el sistema centralizado de la mayoría de los deuteróstomos.

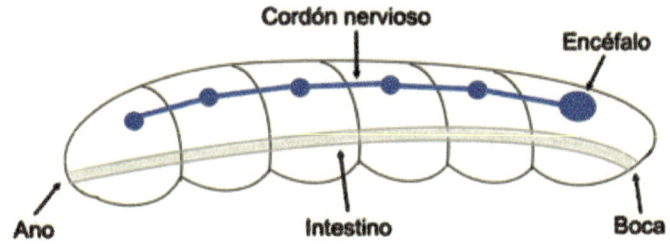

Anatomía del sistema nervioso segmentado de un deuteróstomo basal.

En estos bilaterales el cordón nervioso su ubica en su región dorsal y
posee un ganglio neuronal en cada segmento (círculos en la figura).
El ganglio frontal, que es el más voluminoso, corresponde al encéfalo, cuya parte más antigua es el tronco encefálico. Dado que en
los protóstomos (pág. 31) el cordón nervioso se ubica en la región
ventral del organismo, se ha especulado que el SN ancestral sufrió
una «inversión» dorsoventral durante su evolución. Sin embargo,
un análisis molecular reciente de los dos súper-filos sugiere que cada
cordón evolucionó independientemente. El carácter discontinuo del
SN (figura) se observa incluso en los mamíferos —como nosotros—
cuya medula espinal contiene una serie de ganglios segmentarios.
Cada uno de estos ganglios proyecta nervios sensoriales y motores
que inervan una parte bien definida de la superficie corporal y los
músculos del animal.

En vertebrados ancestrales se produjo la asociación de tres sistemas
sensoriales específicos con regiones del tronco encefálico: los órganos olfativos con su parte anterior, los ópticos con su parte media
y el oído y órganos afines con su parte posterior. Cada una de estas
partes desarrolló proyecciones dorsales de materia gris que forma-
ron, respectivamente, el cerebro, el tectum (o techo) y el cerebelo.

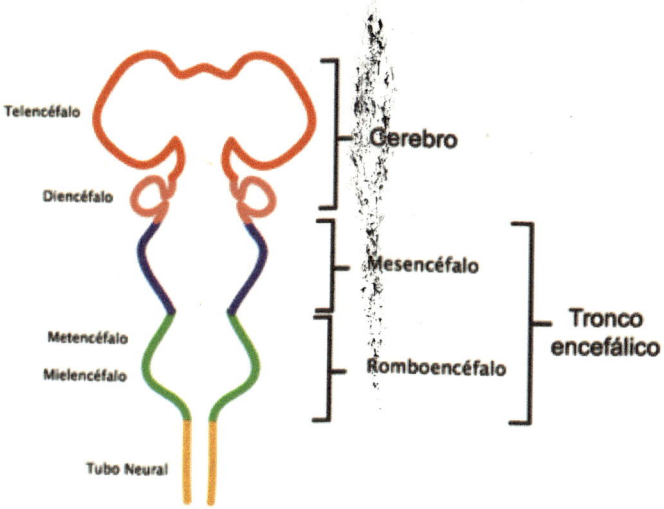

Encéfalo embrionario humano. (Adaptado de http://guiasde-neuro.com/estructura-del-sn/)

Al comparar animales primitivos y recientes se observa una transición funcional desde el tronco encefálico a la corteza cerebral. Por ejemplo, en los vertebrados más evolucionados, los hemisferios cerebrales, que originalmente formaban parte de la recepción olfativa, se transforman en centros asociativos de gran importancia.

De esta manera, las tres regiones del tronco encefálico originaron el encéfalo del vertebrado moderno que consiste en el cerebro (telencéfalo y diencéfalo) y el tronco encefálico (mesencéfalo, y el rombencéfalo, compuesto de metencéfalo y mielencéfalo; ver figura). Esta diversificación evolutiva mejoró significativamente la coordinación y asociación entre fibras motoras y sensoriales del SN.

Como vimos en la parte **A** del libro, la evolución de nuestra propia inteligencia ha sido fuente de controversia: o se trató de un fenómeno gradual, o lo favoreció una mutación en un gen involucrado en la comunicación oral, hace unos 60 000 años. En todo caso, lo seguro es que este proceso se correlaciona con el tamaño de nuestro cerebro y el desarrollo extraordinario de nuestro neocórtex.

Es instructivo comparar nuestra capacidad craneana, de un promedio de 1370 cc, con la de nuestros parientes actuales y extinguidos más cercanos: chimpancé: 393 cc, *Australopithecus*: 494 cc, *Homo erectus*: 935 cc y *H. neanderthalensis*: 1400 cc. Si se corrige el volumen con relación al tamaño del animal, el australopiteco supera ligeramente al chimpancé, pero estos, e incluso el más evolucionado *H. erectus*, son bastante menos cerebrales que nosotros. El caso del hombre de Neandertal es más complejo. Aunque tiene un cerebro de tamaño similar al nuestro, su morfología difiere bastante. En comparación, sus cráneos fósiles indican un gran desarrollo del lóbulo occipital, procesador de imágenes, en desmedro del lóbulo frontal, responsable del pensamiento abstracto. Esta observación confirma el hecho de que *H. neanderthalensis* debió tener una excelente visión, necesaria para la caza, su fuente principal de proteínas. Sin embargo, no era muy creativo, como lo demuestra la persistencia durante más de cien mil años de las mismas técnicas líticas básicas. Eso sí, fueron capaces de imitar los útiles hechos por *H. sapiens* cuando las dos especies se relacionaron.

En un cráneo cuyo tamaño fetal está condicionado por el parto (ya que debe pasar a través de la pelvis materna), una función cerebral dada solo podrá potenciarse a expensas de otra. Por esa razón, y si nos comparamos con otros vertebrados, los humanos no tenemos ninguno de los cinco sentidos especialmente desarrollado (figura). La inteligencia tiene su precio.

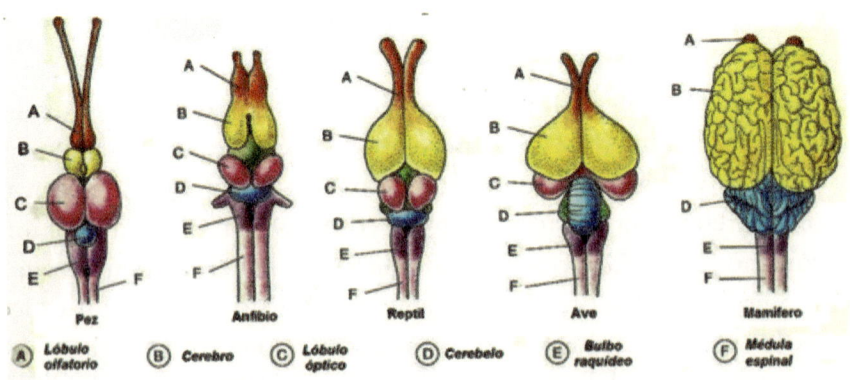

El encéfalo de los vertebrados. (https://culturacientifica. com/2017/07/25/evolucion-los-sistemas-nerviosos-tronco-encefalico-cerebelo/)

VI. El Sistema Muscular

En varias secciones de este libro hemos hecho alusión a la presencia en diversos animales de músculos asociados al movimiento, la circulación sanguínea, la masticación y la lengua, la respiración, la digestión y la visión. Aquí, vamos a detallar un poco más su evolución. Para empezar, el simple placozoo tiene células fibrosas con extensiones filamentosas de actina, una proteína ancestral presente en todas las células eucarióticas y en los músculos. Estos filamentos contráctiles conectan los epitelios ventral y dorsal del animal y estarían implicados en los movimientos que crean la invaginación o saco (págs. 17-18) que el placozoo utiliza para la ingestión durante la digestión extracelular. Es de suponer que un sistema semejante existía en los dickinsonidos de hace 600 Ma (pág. 114).

El estudio de sistemas musculares de fósiles del Cámbrico temprano demuestra la existencia de varios tipos de movimientos diferentes en animales simples. Como ya vimos, los cnidarios poseen células llamadas epitelio-musculares en la piel que generan un movimiento de contracción. Estas células, que, dependiendo del organismo, se organizan en capas longitudinales o circulares similares a los tejidos musculares de otros animales más complejos, forman sinapsis con células nerviosas. Las medusas, que utilizan sus músculos para nadar y alimentarse, se desplazan contrayendo capas circulares de músculos estriados epiteliales en su parte superior cóncava (la umbrela) a los que responde la mesoglea, tejido elástico subyacente que también existe en la hidra (figura pág. 23). La combinación de estos movimientos produce la expulsión de agua por debajo de la umbrela lo que tiene un efecto de chorro propulsor. En el caso de los gusanos espinudos (escalidoforanos) que tienen un cuerpo cilíndrico, las fibras musculares se distribuyen en círculos y longitudinalmente, formando una red con forma de grilla bajo la piel (es subepidérmica). Sus movimientos le sirven al gusano sobre todo para reptar y escarbar en superficies arenosas.

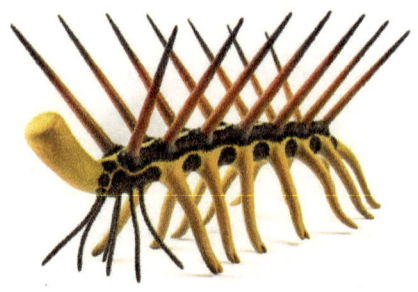

Hallucigenia sparsa (Wikipedia)

Hallucigenia es un lobopodio («patas gruesas») carnívoro extinto (figura) que representa un estadio evolutivo intermedio entre los gusanos espinudos y los artrópodos (uno de los dos representantes actuales de los lobopodios es el popular tardígrado u oso de agua). *Hallucigenia* debe su nombre al aspecto de sus fósiles que parecen ser el producto de una imaginación desbordante. Tal como los cnidarios y los escalidoforanos, *Hallucigenia* tenía músculos circulares y longitudinales, pero como además caminaba, también poseía músculos retractores en sus siete pares de patas. Durante el período cámbrico también aparecen cordados como Pikaia (pág. 88) con músculos en forma de W que se parecen a los del anfioxo, aunque los fósiles no revelan detalles ni sobre la naturaleza ni sobre la distribución de las fibras musculares. En todo caso, es muy probable que esos músculos hayan sido usados para nadar.

En resumen, distintos tipos de músculos coexistieron en el cuerpo de los primeros animales de este período. Esta plasticidad anatómica fue la fuerza motriz que permitió a una gran variedad de animales explorar y colonizar nuevos hábitats. En los vertebrados, que aparecen a finales del Cámbrico, los músculos y huesos se asocian para generar una gran variedad de movimientos posibles. Por ejemplo, los peces se desplazan contorsionando su cuerpo y agitando sus aletas.

Del punto de vista de la evolución muscular, la transición de las aletas de los peces hacia las extremidades terrestres de anfibios

—y después de los reptiles— implicó sobre todo un cambio de la locomoción que se desplazó desde una predominancia pectoral en la natación a una pélvica en la marcha. Hubo también un cambio anatómico ya que la contribución al movimiento de músculos más superficiales aumentó. Un entorno terrestre y el hecho de caminar necesita ejercer una fuerza mayor para mover las extremidades que para nadar. No sorprende entonces constatar que las aletas lobuladas de un pez del clado *Sarcopterygii* tienen el 1% del total de la masa muscular del animal mientras que los miembros de un tetrápodo típico poseen el 6% de la suya. La distribución y los puntos de fijación a los huesos de los músculos en los tetrápodos actuales están bien conservados, lo que ha permitido la reconstrucción de los músculos de las extremidades de especímenes fósiles de este clado. La situación es bastante más complicada cuando se les quiere comparar con aletas. En efecto, las extremidades de los tetrápodos actuales poseen entre 30 y 40 músculos individuales mientras que las aletas pectorales de los peces tienen menos de 10.

Los fósiles más antiguos que muestran pares de aletas pectorales y pélvicas corresponden a gnatóstomos placodermos del Silúrico temprano, hace 444 a 433 Ma. Ya vimos que a partir de estos dos tipos de apéndices —presentes en los *Sarcopterygii* desde hace 423 Ma— evolucionan las «piernas» y «brazos» de los anfibios hace 365 Ma en el Devoniano tardío, y luego los de los tetrápodos terrestres en el Carbonífero, hace 320 Ma (pág. 55).

Aunque, en general, los músculos de los miembros anteriores de los vertebrados han evolucionado sin modificaciones drásticas, esto no se aplica a un músculo nuestro muy especial, el diafragma (pág. 101). Estudios recientes postulan que el diafragma de los mamíferos evolucionó a partir de un músculo del hombro, gracias a la duplicación de un tipo de células migratorias. Aunque existen otras interpretaciones, es interesante constatar que en pacientes a los que se les han dañado los nervios cervicales durante el nacimiento se han observado movimientos asociados entre el diafragma y músculos de los brazos.

VII. Nuestros sentidos

VIIa. - La vista

De todos los sentidos el órgano más complejo es el ojo. Y esa complejidad ha sido a veces usada para cuestionar la evolución biológica. En 1802, el vicario inglés William Paley se preguntó ¿para qué sirve la mitad de un ojo? haciendo un paralelo entre ese órgano y un reloj (ya que medio reloj no funciona). El problema de Paley fue que en su época la anatomía comparada del ojo no existía todavía. En su libro «The Blind Watchmaker» (El Relojero Ciego), publicado en 1986, Richard Dawkins explica cómo «medio ojo» sí que sirve, si se le entiende no como la mitad de un ojo moderno, sino que como un ojo más simple. La diferencia entre un reloj que se fabrica de una vez, y solo funciona cuando está terminado, y un órgano que evoluciona, es que este último es, por definición, útil desde el principio. La figura (pág. 127) muestra los órganos ópticos de una especie de cnidario y de varios moluscos que resumen claramente su complejidad creciente. De hecho, la evolución del ojo es uno de los resultados de la selección natural más difíciles de explicar. La base fundamental común es la célula fotorreceptora que contiene moléculas fotosensibles conectadas a una serie de fibras nerviosas. En su versión más simple el tejido fotorreceptor solo diferencia entre luz y sombra. El siguiente paso evolutivo fue la formación de una depresión epitelial (ojo en copa) que incorporó pigmentos oscuros que bloquean la luz en ciertas direcciones y permiten establecer la dirección del estímulo luminoso (figura del gusano plano pág. 29). Este proceso ocurrió en paralelo en numerosos filos y generó una gran variedad de estos pigmentos.

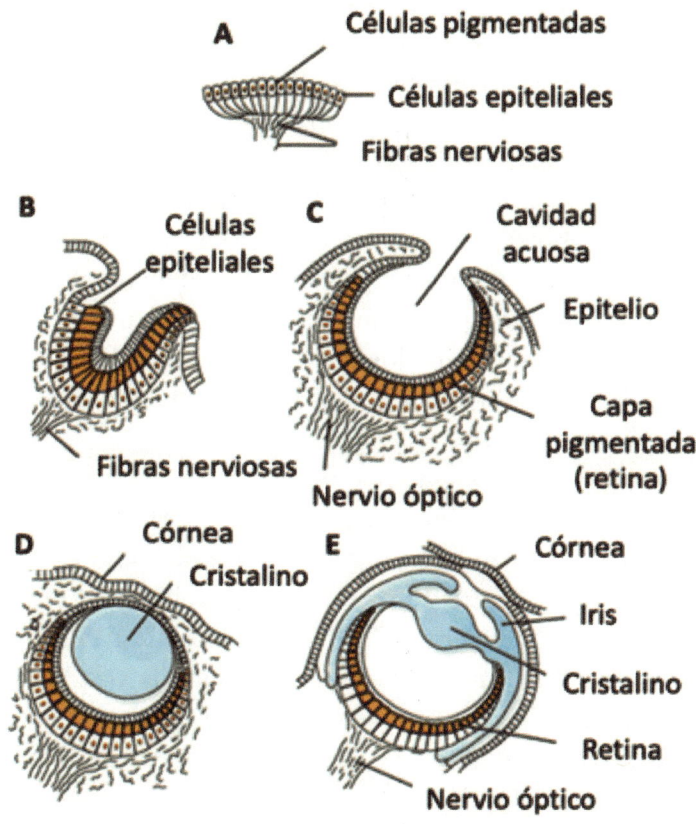

Diferentes tipos de visión. A. Medusa; B. Lapa; C. Nautilo; D. Caracol marino y E. Pulpo. (Adaptado de https://commons.wikimedia.org/w/index.php?curid=4488923)

Una nueva etapa en la evolución del ojo fue la aparición del cristalino (figura pág 127). En los vertebrados esta estructura, que funciona como un(a) lente, permite enfocar correctamente las imágenes de objetos situados a distancias diferentes gracias a la modificación de su curvatura y espesor por los músculos ciliares y las zónulas, cuyo envejecimiento produce la presbicia (figura pág. 129). Los cristalinos de diferentes filos están constituidos por una gran variedad de proteínas solubles transparentes y refractivas. Algunas de estas proteínas son enzimas y otras están implicadas en la reparación y protección contra el estrés molecular (chaperonas*). La presencia de estas últimas se entiende porque el cristalino debe permanecer transparente y funcional durante toda la vida del animal. El análisis de la expresión natural de las proteínas del cristalino en otros tejidos ha demostrado que algunas de ellas también funcionan en el metabolismo celular. A este doble rol proteico, que fue descrito por primera vez en esta estructura ocular, se le ha llamado «reparto de gen» («gene sharing»).

Es interesante constatar que el ojo de los vertebrados y el de los cefalópodos se parecen mucho (homoplasia). Sin embargo, y a pesar de que tienen un origen genético común (con casi 70% de genes compartidos), esta gran semejanza es sobre todo el resultado de una evolución convergente. Efectivamente, el último ancestro común de cordados y moluscos vivió hace más de 500 Ma, durante el período Cámbrico; y su órgano óptico tiene que haber sido mucho más simple. Hay algunas diferencias que confirman la convergencia evolutiva: el ojo del pulpo no tiene el punto ciego de la retina que caracteriza al de los vertebrados —que resulta de la manera en que el nervio óptico se conecta a ella (figuras págs. 127 y 129). Tampoco tiene movimiento propio y no distingue los colores. Además, su cristalino es rígido y el enfoque de la imagen en la retina no lo realiza cambiando su forma, como los vertebrados, sino que desplazándolo.

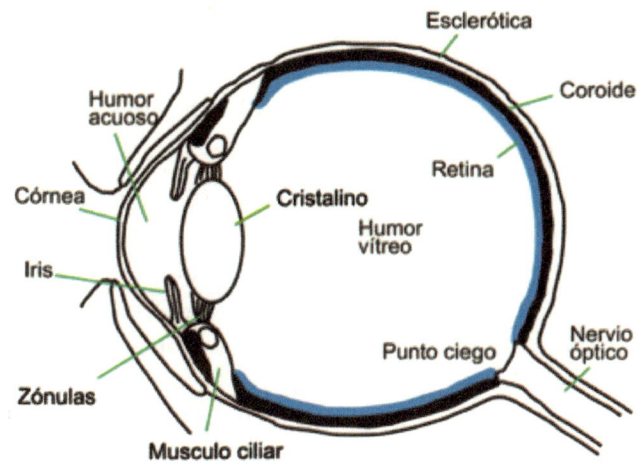

Ojo de vertebrado. (Adaptado de https://www.facebook.com/
BiologiaCienciasVida/photos/a.562188517146305/3233525
840012546/?type=3)

Los vertebrados tienen —tenemos— dos tipos de células fotorrecep-
toras en la retina: los bastoncillos y los conos. En la retina dotada
de los dos tipos de fotorreceptores (retina dúplex) los bastoncillos
perciben el negro y el blanco y permiten la visión nocturna, mientras
que los conos captan los colores y son responsables de una visión
central detallada. Se sabe que los conos son los más antiguos porque
sus pigmentos ya existían antes de que aparecieran los bastoncillos.
No obstante, la aparición de estos últimos también tiene que haber ocurrido muy temprano en la evolución puesto que todos los
vertebrados, incluso los ciclóstomos, los poseen. Los bastoncillos
evolucionaron a partir de células similares a los conos, gracias a la
duplicación de algunos genes y la modulación de la expresión proteica. Las proteínas de la membrana de los bastoncillos que captan
los fotones de la luz se llaman rodopsinas. Su origen es antiquísimo
ya que se encuentran incluso en arqueones* procariotas y eucariotas
unicelulares.

Una diferencia fundamental entre invertebrados y vertebrados reside en el mecanismo de generación de la molécula fotosensible llamada cis-retinal, cuyo complejo con la proteína opsina forma la rodopsina. Cuando el cis-retinal es excitado por la luz, sufre un cambio de simetría y se transforma en trans-retinol (vitamina A), y la rodopsina cambia en metarodopsina. Esta última interactúa con otra proteína, lo que inicia una serie de cambios conformacionales seguidos de reacciones bioquímicas que producen un impulso nervioso. La transmisión de este impulso termina por generar en el órgano óptico o una percepción simple o una imagen, dependiendo del organismo.

En los vertebrados existe una proteína llamada en inglés RBP («Retinol-Binding Protein» o proteína que fija el retinol), que transporta el trans-retinol desde la célula fotorreceptora hasta el epitelio pigmentado de la retina. Allí, la vitamina A se regenera en cis-retinal y la RBP lo lleva de vuelta a la célula fotorreceptora. Se ha postulado que esta separación física y especialización celular de la detección lumínica, que conduce a una regeneración del cis-retinal que no requiere luz, fue determinante para que los vertebrados primitivos pudieran colonizar medios poco iluminados, como los fondos marinos. Efectivamente, en los invertebrados, la conversión de trans-retinol en cis-retinal requiere luz en un proceso llamado fotorreversión y, en consecuencia, debe ocurrir cerca de la superficie. En el caso de cefalópodos, como los calamares, la evolución ha limitado este problema al dotarlos de ojos que detectan la luz polarizada en lugar de los colores; esto les permiten distinguir nítidamente presas y depredadores en la penumbra relativa de ambientes de hasta 10 a 12 metros de profundidad.

Lo extraordinario es que un extenso análisis filogenético de secuencias proteicas ha demostrado que la RBP tiene un origen bacteriano. Se supone que su gen se integró en el genoma ancestro del vertebrado por transferencia horizontal* durante el período Cámbrico, hace unos 500 Ma. Este tipo de accidente genético puede resultar extremadamente determinante para la evolución biológica porque se «salta» innumerables etapas que, incluso, no podrían ocurrir en el organismo receptor. Como ya vimos (pág. 59), la transferencia horizontal de un gen retroviral fue determinante para la evolución de los mamíferos placentarios.

VIIb. – El olfato.

La evolución de la genética del olfato ha sido muy compleja. Este quimiosentido* se originó en un medio acuático y el más simple cordado que tiene receptores olfativos (ROs) como los nuestros es el anfioxo (pág. 36), cuyo ancestro divergió de los nuestros hace 550 Ma. Aunque este animal no tiene un órgano del olfato, sí que posee 40 genes que codifican ROs ubicados en los flancos de su cuerpo. El ancestro común de los olfactores*, es decir, de los vertebrados y tunicados, ya tenía ROs más evolucionados. Sin embargo, dado que los tunicados actuales no poseen genes de tipo RO, tienen que haberlos perdido durante su evolución. Dentro de los vertebrados la lamprea, un pez ciclóstomo muy antiguo (pág. 42), tiene un repertorio de ROs bastante reducido. La duplicación genética y su deriva («genetic drift» en inglés) expandió ese repertorio durante la evolución y generó las clases I y II de ROs en los primeros vertebrados. El olfato está íntimamente relacionado con otro quimiosentido, el gusto, y los procesos nerviosos de ambos sentidos están interconectados en todos los animales. La diferencia es que los olores se propagan en el aire y los sabores en el agua. Las moléculas hidrosolubles y volátiles son detectadas por proteínas codificadas por genes de ROs llamados de clase I y II, respectivamente. Como es evidente, los vertebrados terrestres detectan las primeras con la boca y las segundas con la nariz. Los peces, que únicamente distinguen estímulos disueltos en el agua, detectan moléculas odoríferas (MOs) con sus narinas —orificios ubicados entre los ojos y la boca— y la gran mayoría solo despliega ROs de clase I. Además, tienen alrededor de 100 genes de ROs diferentes, mientras que los mamíferos poseen entre 300 y 1100. En los humanos, la superfamilia de genes de ROs es la más numerosa del genoma, con 390 representantes funcionales y 465 pseudogenes* inactivados.

Hay más MOs hidrosolubles que volátiles y existe evidencia experimental que demuestra que el olfato de los peces es capaz de detectar y discriminar más MOs que el de cualquier otro vertebrado. Sin embargo, la difusión de estas moléculas es 10 000 veces más lenta en el agua que en el aire, y distintas especies de peces han adoptado diferentes estrategias para contrarrestar este problema. Algunas permanecen inmóviles y esperan que la corriente les traiga las MOs, mientras que otras nadan hacia la fuente del estímulo. Es interesante constatar que el celacanto, especie emparentada a los primeros tetrápodos (pág. 54), es el único pez que tiene ROs de clases I y II. Los anfibios, que también tienen ROs de clases I y II, primero detectan durante su desarrollo MOs en el agua, como los peces, y más tarde en el aire, como los vertebrados terrestres. En el delfín, que es un mamífero completamente marino, los ROs de clase II no se expresan porque sus genes se desactivaron en un ancestro y se transformaron.

Como la visión, el olfato puede detectar estímulos lejanos. En el reino animal osos y perros se distinguen por la agudeza de su olfato. Un oso pardo es capaz de detectar un olor a 10 km, y su congénere polar, a hasta 30 km. El olfato del perro es tan potente que puede detectar una molécula odorífera diluida en una gota de agua en 20 piscinas olímpicas. Pero no solo importa el número de genes diferentes, también influye enormemente la cantidad de ROs contenidos en el órgano olfativo. Los perros poseen 1094 genes de ROs y tienen 300 millones de estos receptores en la nariz, mientras que nosotros, con alrededor de un tercio de esos genes, solo tenemos 6 millones de ROs (es decir, 50 veces menos).

Existen dos tipos de sistemas olfativos de clase II en los tetrápodos. El principal, que se originó en el sistema neuronal ancestral, se especializa en la detección de MOs volátiles. El sistema olfativo accesorio es más reciente, ya que apareció en el ancestro común de los anfibios y los amniotas. Su característica principal es la detección de MOs específicas —como las feromonas*— directamente por el órgano vomeronasal (u órgano de Jacobson), que se sitúa en la cavidad nasal, sobre el paladar. Su nombre deriva del hueso vómer que se encuentra en la parte posterior del tabique nasal. La pérdida del sistema olfativo accesorio se constata en varios linajes de tetrápodos y se supone que ocurrió porque su actividad se solapaba parcialmente con la del sistema olfativo principal. Sin embargo, el sistema accesorio todavía existe en serpientes y lagartos y en mamíferos; por ejemplo, gatos, perros, cerdos y lémures. Algunos humanos tienen vestigios del órgano vomeronasal, pero no es funcional.

Las sensaciones captadas por los dos sistemas olfativos de clase II son transmitidas al sistema nervioso central por vías diferentes: las neuronas del sistema principal envían las señales correspondientes al córtex olfativo del cerebro mientras que las del sistema accesorio lo hacen hacia el bulbo olfativo y de ahí al hipotálamo (figura). Este último es un centro endocrino que controla aspectos de la reproducción y conducta del animal, además de su temperatura corporal. Así, la conexión entre el sistema accesorio y el hipotálamo podría explicar cómo ciertas emanaciones endocrinas condicionan el comportamiento agresivo y copulatorio de gran cantidad de especies de tetrápodos.

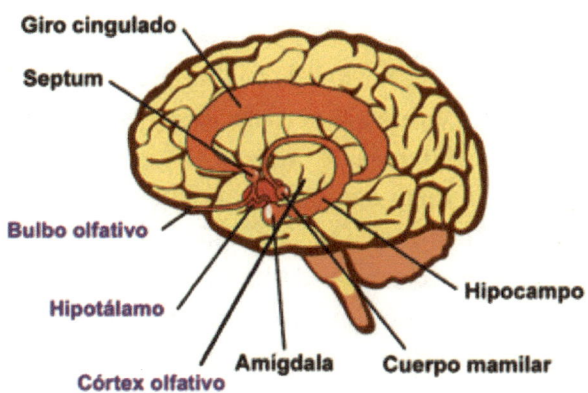

Corte sagital del cerebro humano. Los descriptivos de las regiones implicadas en la olfacción se muestran en violeta.

VIIc. – El gusto

Como vimos en la sección anterior, este quimiosentido que en los animales terrestres se sitúa en la lengua, está íntimamente ligado al olfato. Los botones del gusto («taste buds» en inglés), que contienen las células gustativas se agrupan en las llamadas papilas linguales. La evolución del quimiosentido del gusto ha sido muy compleja y el número y tipo de papilas varía bastante en función de la especie.

Los reptiles poseen una cantidad variable de botones y las serpientes mezclan el olfato y el gusto en sus órganos de Jacobson (ver VIb). Las aves en general tienen pocos botones; por ejemplo, las gallinas solo poseen 50. Esta limitación gustativa se extiende a las terminaciones nerviosas del dolor y el calor, y, de paso, explica la existencia de frutos picantes. Dado que las aves no sienten la capsaicina, que es la molécula responsable de lo picante, se comen esos frutos sin problemas y así, al volar, esparcen sus semillas lejos en sus deposiciones. Si se los comieran ratones u otros mamíferos, que sí sienten lo picante y lo evitan, esas semillas caerían bastante más cerca de la planta. Y para un vegetal inmóvil poder diseminar sus semillas a la mayor distancia posible es fundamental.

En los mamíferos el número y secuencias proteicas de sus receptores varían bastante. Esta variedad la ha generado la duplicación múltiple de genes, su eliminación (deleción) y la formación de pseudogenes* inactivos. Además, la correlación que se observa entre el tipo de receptor y la dieta demuestra que durante la evolución biológica la percepción gustativa se ha modificado a partir de un origen común para satisfacer las necesidades alimentarias de cada especie.

Por ejemplo, los felinos, que solo comen carne, tienen alrededor de 470 botones gustativos y no detectan lo dulce, probablemente porque las frutas no son parte de su dieta. Sin embargo, sí que sienten el sabor amargo que les indica si la carroña que acaban de encontrar está demasiado descompuesta como para comérsela. Por su parte, los cánidos (perros, lobos, chacales, coyotes) poseen unos 1700 botones en sus lenguas y perciben muchos de los sabores que también gustamos los humanos. No obstante, en general estos animales engullen sus alimentos rápidamente, sin saborearlos, sobre todo para evitar que se los arrebaten.

Aunque puede parecernos sorprendente, herbívoros como las vacas tienen unos 25 000 botones gustativos. ¿Por qué tantos? Por un lado, porque tienen que poder distinguir las plantas venenosas —normalmente amargas— de las comestibles; y, por otro lado, porque también necesitan poder detectar fuentes de sal en su entorno. Como a todos los animales, el NaCl les es esencial y no lo obtienen en cantidad suficiente a partir de las plantas.

Los omnívoros, como los osos, los cerdos y los humanos, tienen la cantidad de botones gustativos adecuada para distinguir la gran variedad de alimentos que comen. Los porcinos poseen unas 15 000 de estas estructuras linguales, y nosotros alrededor de 10 000 lo que nos permite disfrutar de muchas combinaciones sutiles de sabores (con la ayuda del olfato). Sin embargo, en nuestra especie hay variaciones considerables de este quimiosentido. Alrededor del 25% de las personas son súper-degustadoras de algunos sabores y pueden tener hasta el doble de botones gustativos en sus lenguas que el resto.

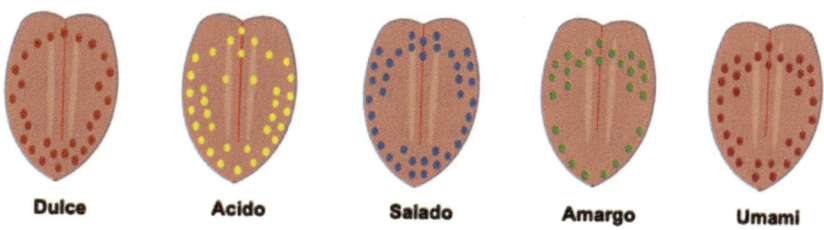

Dulce   Acido   Salado   Amargo   Umami

Posición de las papilas gustativas para los 5 sabores en la lengua humana.

Aunque, hasta hace poco se supuso que las papilas gustativas tenían una distribución bien definida en función del sabor, ahora se sabe que, a la excepción de las papilas del gusto amargo que se concentran en la parte posterior de la lengua, todos estos receptores se encuentran repartidos sobre todo en su borde (figura). Los humanos tenemos alrededor de 30 genes que codifican las distintas proteínas receptoras que se encuentran en las células gustativas de los botones —en el interior de las papilas— y con ellas distinguimos 5 sabores: dulce, ácido, salado, amargo y «umami». Este último corresponde al gusto a carne que da el glutamato monosódico, que se usa frecuentemente como condimento en restaurantes asiáticos. Los botones gustativos que detectan estos 5 sabores se agrupan en cuatro tipos de papilas: fungiformes (dulce y umami), circunvaladas o caliciformes (amargo), foliadas (salado y ácido) y filiformes (sin sabor). Los receptores proteicos de las células gustativas respectivas son, en inglés, el «Taste 1 Receptor» (T1R) que detecta lo dulce y el umami, el T2R, para el amargo, el canal sódico epitelial (ENaC) para lo salado y un canal a protones (H^+) -llamado OTOP1- para lo ácido. Además, los T1R se subdividen en T1R1, T1R2 y T1R3, que pueden asociarse para detectar sabores diferentes: T1R3 detecta sales de calcio y una concentración elevada de sacarosa, la combinación T1R2+3 detecta lo dulce, mientras que T1R1+3 son estimulados por el umami. Los T2R les sirven a los vertebrados sobre todo para detectar moléculas toxicas en lo que ingieren. Por otro lado, la detección de sales por los receptores ENaC puede ser atractiva o repulsiva en función de la especie, su genética, su estado fisiológico y la concentración del estímulo; se sabe que en algunos animales la falta de iones sodio (Na^+) provoca el deseo de consumir sal (NaCl). El más difícil de identificar ha sido OTOP1, que corresponde a un receptor de la acidez llamado T3R, ya que se definió como tal solamente en 2019. Experimentos con ratones han demostrado que este sabor, como el amargo, les es aversivo. Sin embargo, dado que la acidez es característica del gusto de frutas no maduras (y aún no comestibles), detectar este sabor es ventajoso para los animales frugívoros. Por último, hay que seña-lar que el «picante» no es un sabor propiamente dicho, sino que la respuesta de terminales nerviosos presentes en la boca y la garganta al ser estimulados por la capsaicina que contienen los ajíes o guin-dillas. Como ya lo mencionamos, esos terminales son normalmente receptores del calor y el dolor.

Aunque pueda parecernos extraño, se ha demostrado que el agua puede provocar una sensación de sabor. Efectivamente, en mamíferos se han encontrado proteínas llamadas acuaporinas que permiten la entrada del agua en células receptoras del gusto. Aparte del agua, estas proteínas también servirían para detectar soluciones con pocas sales (hiposmóticas). El apetito por al agua, es decir la sed, demuestra que la evolución nos ha dotado de un mecanismo para regular su consumo, lo que es esencial para la vida.

VIId. – El oído

El poder detectar sonidos provenientes del medio ambiente confiere una ventaja evidente, ya sea para escapar de un depredador, para localizar une presa, o para relacionarse con sus crías o sus congéneres. Existen dos versiones anatómicas del sentido del oído, en función del medio en el que se propaga el sonido, agua o aire. Todos los peces poseen un órgano interno que detecta el movimiento de partículas acuosas provocado por el emisor del sonido. Además, algunos grupos de peces también pueden percibir la presión aérea provocada por el sonido gracias a un órgano repleto de aire (vejiga o pulmón) y luego transformarla en un movimiento de partículas que su oído interno puede interpretar. Como ya lo vimos (pág. 98), esta versión de la audición existe en los bagres, que poseen una vejiga natatoria, y en los peces pulmonados. De hecho, un estudio danés de 2015, confirmó que los peces pulmonados «oyen» como nosotros a pesar de carecer de orejas, de conductivo auditivo y de tímpano. Si se considera el origen evolutivo de estos peces, este resultado sugiere que la audición apareció hace entre 250 y 350 Ma, antes de la transición agua → tierra del Carbonífero, que generó los anfibios. Este tipo de audición persistió en salamandras, anfibios que tampoco tienen orejas, ni conductivo auditivo, ni tímpano. En ese mismo trabajo se analizó la respuesta neuronal y cerebral a estímulos sonoros aéreos de distintos niveles y frecuencias y se demostró que todos estos animales detectan los sonidos a través de vibraciones en el aire.

La evolución de algunos anfibios en reptiles, unos 100 Ma después de la transición agua → tierra, durante el período Triásico, trajo consigo la aparición del tímpano y el oído medio con un solo huesecillo, el estribo. La etapa siguiente ocurrió en los mamíferos con la transformación de dos de los huesos mandibulares de los reptiles —el cuadrado y el articular— en el martillo y el yunque (figura). Este proceso ha sido muy complejo y difícil de explicar. Algunos autores sostienen que su selección se basó en la masticación, no en la audición, mientras que otros piensan que su ventaja consistió en haber separado estos dos procesos, dándole más flexibilidad a sus evoluciones respectivas. Puesto que en mamíferos placentarios se distinguen 5 tipos funcionales distintos del oído medio, también se ha propuesto que la separación funcional de la masticación y la audición le dio a esta última un potencial evolutivo más diversificado.

El número de huesecillos no es la única diferencia anatómica del oído entre reptiles y mamíferos. También difieren en el origen y desarrollo embrionario del conducto auditivo, el tímpano y la cavidad del oído medio. En resumen, se piensa que el oído medio de los mamíferos se formó independientemente del de los reptiles. En las serpientes y los camaleones el tímpano ha desaparecido.

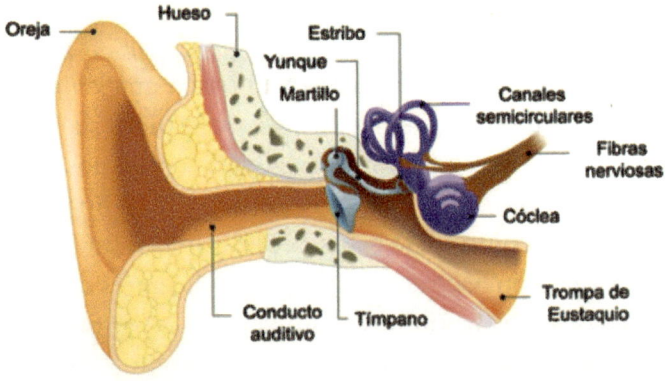

El oído humano. Anatómicamente, este órgano del sentido se divide en oído externo (oreja + conducto auditivo), tímpano, oído medio (huesecillos: martillo, yunque y estribo + trompa de Eustaquio), oído interno (cóclea + canales circulares) y nervio acústico (fibras nerviosas). La trompa de Eustaquio comunica con la faringe y sirve a controlar la presión del aire en el oído medio.

En un mamífero típico el sonido es captado por la oreja que lo canaliza a través del conducto auditivo hasta el tímpano, el que al vibrar transmite la energía de la onda sonora a los huesecillos del oído medio. La señal pasa del estribo a la cóclea donde se transforma en una onda líquida. En el interior de la cóclea se encuentra el órgano de Corti con sus células receptoras auditivas que responden al estímulo y envían sus impulsos al cerebro donde se les interpreta como una señal sonora.

El rango de frecuencias audibles depende del tipo de animal y su hábitat. Estas frecuencias se miden en hercios (Hz; antes llamados 'ciclos por segundo'). La máxima frecuencia audible conocida (300 000 hercios: 300 kHz) la detecta una mariposa nocturna. Por otro lado, varios pájaros tienen los rangos de frecuencia audible más bajos de los vertebrados: 125 Hz-2 kHz en gallinas y 200 Hz-8,5 kHz en cotorras; nosotros ocupamos un rango intermedio-bajo con frecuencias audibles entre 31 Hz y 19 kHz, mientras que los perros (64 Hz-44 kHz) y los gatos (55 Hz-77 kHz) se ubican en un rango intermedio-alto. Los murciélagos (10,3 Hz-115 kHz) y varios cetáceos, como por ejemplo el delfín nariz de botella (150 Hz-150 kHz), tienen el rango más amplio. Esta última observación no sorprende ya que tanto los murciélagos como los delfines utilizan la ecolocación para ubicar presas y objetos en situaciones con poca visibilidad como son la noche y los fondos marinos. La ecolocación funciona como el sonar de un submarino, aunque es más direccional. Las ondas sonoras emitidas rebotan en un objeto y su eco vuelve al emisor. Gracias al intervalo entre emisión y recepción, y a pequeñas diferencias en la frecuencia e intensidad captadas por cada oído, el animal puede determinar la distancia, el tamaño y la posición de ese objeto. Las frecuencias sónicas usadas por los murciélagos, que, como acabamos de ver, pueden llegar a los 115 kHz, son en gran medida inaudibles para los humanos; pero son detectadas por insectos tales como la mariposa mencionada más arriba, lo que les permite escapar. Algunos primates tienen un rango que va hasta los ultrasonidos (>20 kHz), como, por ejemplo, el macaco japonés (28 Hz-34,5 kHz).

Solo los mamíferos tienen orejas y conductos auditivos sofisticados que varían de tamaño, forma y movilidad con el fin de aumentar la percepción del sonido y su dirección. También las espirales de la cóclea del oído interno han evolucionado muchas veces de manera independiente.

VIIe. – El sistema vestibular

Este sistema, que a diferencia de los «exterosentidos» discutidos hasta ahora es un «interosentido», se encarga de controlar el equilibrio y la orientación espacial necesarios para coordinar el movimiento. Junto a la cóclea constituye el laberinto del oído medio de los mamíferos y tiene dos componentes principales: los canales semicirculares y dos órganos llamados utrículo y sáculo, que se ubican entre estos canales y la cóclea (protuberancia violeta en la figura pág. 138). Los primeros detectan los movimientos circulares y consisten en tres semicírculos, horizontal, anterior y posterior, orientados de manera a formar ángulos rectos (90°) entre ellos. Esta disposición les confiere la propiedad de percibir movimientos en las tres dimensiones del espacio. Tal como la cóclea, los canales semicirculares están llenos de un líquido llamado endolinfa* que al desplazarse estimula células nerviosas ciliadas que envían señales eléctricas al cerebro. Una parte de estas señales es captada por neuronas que controlan el movimiento ocular, y son la base del reflejo que permite seguir observando un objeto fijo cuando se gira la cabeza, mientras que otras permiten mantener una postura adecuada con respecto al entorno.

El canal semicircular horizontal detecta la rotación del cuerpo alrededor de un eje vertical como la de una bailarina que gira sobre sí misma en una pista de hielo. El canal anterior detecta el movimiento de la cabeza de arriba abajo, y el canal posterior cuando, por ejemplo, se hacen volteretas verticales acrobáticas. Los canales del oído interno derecho son prácticamente paralelos a los del izquierdo y un mecanismo nervioso de estímulo-inhibición recíproco les permite coordinarse y detectar la dirección de cualquier rotación corporal.

En lugar de detectar rotaciones, el utrículo y el sáculo del laberinto del oído medio perciben movimientos de aceleración rectilínea y la fuerza gravitacional. Este mecanismo depende del movimiento de diminutos cristales de carbonato de calcio ($CaCO_3$) combinados con una matriz proteica, colectivamente llamados otoconia u otolitos. La pérdida o ubicación incorrecta de estos cristales en el utrículo produce la sensación de vértigo.

Hay una cierta confusión en la literatura especializada con respecto a la definición de otolito y otoconia. Algunos autores no los distinguen y otros llaman otolitos a los bio-cristales de los peces y otoconia a los de los tetrápodos. La diferencia principal es que los primeros crecen durante toda la vida del animal mientras que los otoconia no lo hacen. Para simplificar, aquí voy a usar el término otolito en ambos casos.

Una de las primeras etapas en la evolución de las estructuras vestibulares habría sido la transformación en la superficie de la vejiga natatoria de ciertos peces de la percepción de la presión a la del movimiento. En estos animales unos huesecillos llamados de Weber conectan la vejiga con el oído. Sus otolitos pueden consistir en una sola masa amorfa de partículas bio-minerales fusionadas, o en un conglomerado de esas partículas. La lamprea es el único pez que tiene otolitos amorfos compuestos principalmente de fosfato de calcio. Si se considera la posición filogenética de este ciclóstomo (pág. 42), sus otolitos podrían representar la versión ancestral de estas estructuras. Por otro lado, los otolitos del segundo tipo, hechos de una multitud de cristales de carbonato de calcio, no solo se encuentran en peces más evolucionados que la lamprea, sino que también en anfibios y reptiles. En la parte **A** de este libro (pág. 92) discutimos la elección evolutiva del fosfato en lugar del carbonato para la formación de los huesos en los vertebrados. Aquí constatamos la tendencia contraria en la formación de otolitos. Una explicación posible es que la lamprea no tiene huesos, sino que cartílagos, mientras que los otros peces y los tetrápodos poseen huesos compuestos de fosfato de calcio. La regulación del metabolismo del fosfato, para la formación y mantenimiento de huesos y otolitos simultáneamente, no habría sido favorable debido a problemas de interferencia funcional. La solución de la selección natural fue de dotar a esos animales más evolucionados de un mecanismo independiente del de la osificación, es decir, poder formar sus otolitos a partir de carbonato de calcio.

Los mamíferos tienen un tercer tipo de otolitos contenidos en el utrículo y el sáculo. Estos otolitos policristalinos son más evolucionados y presentan varias ventajas con respecto a las partículas biominerales ya descritas: son más densos y al constituir un solo bloque su oscilación es más coherente que en el caso de cristales múltiples, lo que es ventajoso para la percepción del movimiento. Además, su forma irregular contribuiría a determinar la dirección del estímulo.

Es interesante constatar que el recurso de usar cristales para orientarse en el espacio ya existe en el placozoo (pág. 17). En efecto, estos animales simples tienen células que encierran un cristal relativamente grande de aragonita, una de las formas minerales del carbonato de calcio también frecuente en los peces. Se ha demostrado que privado de estas células el placozoo no logra orientarse respecto a la gravedad. Aunque no se sabe exactamente cómo funcionan, se piensa, lógicamente, que responden al movimiento del cristal intracelular provocado por la fuerza gravitacional cuando el placozoo se mueve (figura pág. 143). Por su parte, las medusas (cnidarios) poseen una serie de órganos llamados estatocistos —que contienen partículas minerales (los estatolitos*)— dispuestos en un círculo en la base de sus tentáculos.

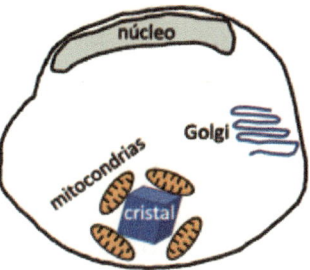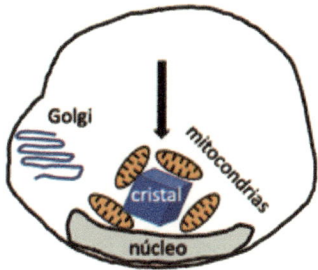

Célula de placozoo con un cristal de aragonita en su interior (izq.). La flecha representa la fuerza de gravedad y el desplazamiento del núcleo (der.). Las mitocondrias y el Golgi forman parte de la mayoría de células eucariotas. (Adaptado de Jékely et al. 2021 Phil. Trans. R. Soc. B 376: 20190764).

Los ctenóforos, o medusas con peine, solo tienen un estatocisto (junto al poro anal; ver figura pág. 25) cuyo estatolito está asociado a 4 grupos de células ciliadas, dispuestos como los vértices de un cuadrado. Cuando el ctenóforo cambia de postura, el estatolito presiona los cilios externos de las células de uno de estos grupos lo que cambia la frecuencia de su ondulación rítmica. Este cambio produce una señal que se propaga y modifica el movimiento de los tentáculos que reorientan la posición del animal con respecto a la gravedad. Los estatolitos de los ctenóforos están hechos de un mineral de sulfato de calcio ($CaSO_4 \cdot 0,5H_2O$) llamado basanita.

La presencia de cristales minerales para orientarse en organismos actuales muy simples sugiere que ya existían en los primeros animales.

El sistema propioceptivo. Aparte del sistema vestibular, otros receptores informan al cerebro sobre la posición muscular, la concentración de oxígeno y anhidrido carbónico en la sangre, la temperatura corporal, sensaciones dolorosas, de hambre, de sed y de la necesidad de orinar o defecar. Si se considera al sistema vestibular como el sexto (intero)sentido, la propiocepción es el séptimo.

Todos los animales son capaces de cambiar su forma corporal mediante contracciones motoras. En los ctenóforos, cnidarios y bilaterales estos cambios son orquestados por los músculos, mientras que en los placozoos las contracciones son provocadas por las células epiteliales. Además, algunas esponjas son capaces de coordinar movimientos gracias a células contráctiles en su superficie y en sus poros.

En los bilaterales estos cambios físicos, como el estiramiento muscular, son detectados por propioceptores o mecanosensores neuronales y han sido estudiados abundantemente en la mosca del vinagre (Drosófila) y también en cangrejos, nematodos (gusanos redondos) y vertebrados. Por ejemplo, en los peces la mecanosensación depende de neuronas que se encuentran en la medula espinal. En los no-bilaterales la situación no está tan clara. Es posible que los ctenóforos y cnidarios, que despliegan una actividad muscular relativamente compleja, tengan algún tipo de propiocepción; y hay una esponja de agua dulce que es capaz de evacuar grumos de desperdicios de su interior con movimientos contráctiles parecidos a los peristálticos de nuestro estómago. Se ha especulado que este porífero sería capaz de detectar la disminución del flujo de agua que atraviesa su cuerpo, causada por los grumos.

Si la propiocepción existe en los animales contemporáneos más simples es lógico concluir que los primeros animales ya estaban dotados de una cierta forma de mecanosensación y que, por ende, esta representaría uno de los procesos sensoriales más antiguos, directamente relacionado con la motilidad.

VIIf. – El tacto

Este sentido está íntimamente asociado con la propiocepción, pero en los humanos y otros mamíferos, sus receptores se distribuyen bajo la piel de todo el cuerpo, donde pueden detectar cualquier agresión directa. La sensación táctil subcutánea es procesada por regiones más o menos extensas de la corteza cerebral en función de su localización. Por ejemplo, las manos tienen un sentido del tacto mucho más desarrollado que los pies (figura pág. 145). El desarrollo sensorial puede estar acompañado de un desarrollo motor equivalente: las manos son mucho más hábiles que los pies. De hecho, los primeros primates, que eran arborícolas estrictos, tenían cuatro «manos» dotadas de garras, las que evolucionaron hasta llegar a formar las manos y pies con uñas característicos de los antropoides y de los humanos. Este proceso también generó las yemas de los dedos con sus huellas digitales que poseen un sentido del tacto muy desarrollado.

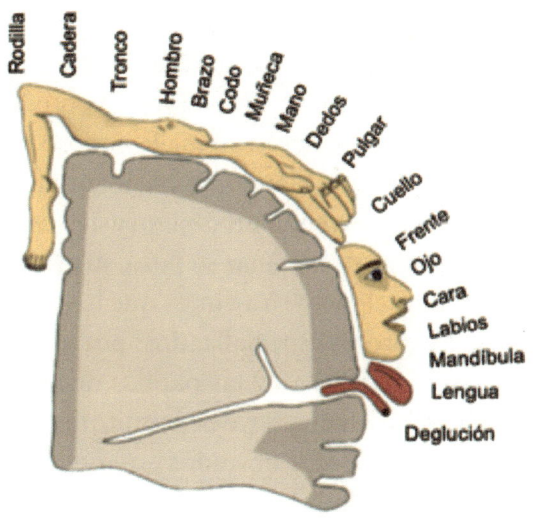

El homúnculo de Penfield*. La extensión de la corteza cerebral dedicada al tacto varía en función de la región inervada.

La representación de Penfield del hemisferio derecho del cerebro resume el trabajo de generaciones de neurobiólogos que han mapeado la función de distintas partes de nuestra corteza cerebral (figura). Los primeros mapas se obtuvieron al asociar la ubicación de lesiones cerebrales con los síntomas que provocaban. Este método se ha remplazado progresivamente por distintas técnicas no invasivas de generación de imágenes, como la resonancia magnética. Sin embargo, la intervención intraoperativa que consiste en la trepanación del cráneo —destinada por ejemplo a extirpar un tumor— se emplea aún para mapear directamente la función de partes de la corteza cerebral y poder evitar daños colaterales. Esto requiere que el paciente esté despierto durante la operación e informe al cirujano de lo que siente.

Una de las sensaciones fundamentales que detecta el tacto es la presión. De hecho, los humanos distinguimos mejor los cambios sutiles de la presión táctil que los de la luminosidad; es decir que, aunque parezca extraño, nuestro tacto es más sensible que nuestra vista. Así, y a pesar de que no podamos ver objectos de menos de 100 millonésimas de metro (100 μm) de diámetro, las yemas de nuestros dedos pueden detectar un bulto que solo sobresale de 1 μm de una superficie plana. El tacto también permite determinar si una superficie es rugosa o lisa gracias a la vibración que provoca el deslizar la yema sobre ella. Una superficie con partículas grandes, es decir, bastante rugosa, generará, relativamente, una vibración de mayor amplitud. Además de distinguir lo rugoso de lo liso, el tacto permite diferenciar duro de blando, resbaladizo de pegajoso y frio de caliente; y cuando se manipula un objeto, este sentido ayuda, junto con la propiocepción, a determinar su peso, su grosor y su fragilidad.

¿Cómo funciona el tacto? Ya vimos que los órganos de los otros sentidos tienen receptores especializados: por ejemplo, la retina del ojo, la cóclea del oído interno y las papilas de la lengua. Varios investigadores han descrito una serie de receptores capaces de detectar presión, temperatura y dolor ubicados en la epidermis, la dermis y el tejido subcutáneo. Algunos de estos receptores son específicos, mientras que otros corresponden a terminaciones nerviosas libres. En general, los ya descritos llevan el nombre del científico que los descubrió: corpúsculos de Pacini (detectores rápidos de la vibración), corpúsculos de Meissner (detectores semi-rápidos de estímulos leves), corpúsculos de Ruffini (detectores lentos del calor, la presión y el estiramiento muscular), corpúsculos de Krause (posibles detectores del frio) y células de Merkel (mecanosensoras multimodales y secretoras de moléculas neuroactivas).

Los corpúsculos de Meissner se encuentran en la epidermis de las regiones glabras (sin pelo) y en la dermis de las regiones pilosas. Por su parte, los corpúsculos de Pacini y los de Ruffini y Krause se ubican en la dermis, y cubren todo el cuerpo. Las células de Merkel (CMs) se localizan en el tejido basal de la epidermis donde establecen interacciones de tipo sináptico con neuronas especializadas. Aunque las CMs son bastante escasas, se les considera parte esencial del órgano terminal de la sensación táctil leve.

Los vertebrados pueden presentar variaciones significativas en la composición y especialización de los distintos receptores del tacto. Por ejemplo, los cocodrilos y los caimanes son capaces de detectar la vibración de una gota de agua —sin estímulos visuales ni auditivos— gracias a órganos sensibles que en los primeros se distribuyen en toda la piel y en los segundos se concentran en el rostro, cerca del hocico. En ambos animales estos órganos poseen CMs y corpúsculos parecidos a los de Pacini (CPPs). Por su parte el ornitorrinco, un mamífero con características reptilianas que, como vimos, detecta las corrientes eléctricas en el agua (pág. 59), tiene unos 40 000 mecanosensores en su pico. Estos sensores, también compuestos de complejos de CMs y de CPPs, le permiten sentir el movimiento de una presa a 50 cm de distancia, en la oscuridad.

Otro ejemplo de especialización táctil lo constituye el topo de nariz estrellada, un animal de aspecto extraño oriundo de Norteamérica donde fabrica galerías subterráneas. Este topo posee la mayor concentración de órganos terminales mecanosensores y terminaciones nerviosas libres observada hasta la fecha. Estos órganos, ubicados en los 22 «rayos» de la estrella en su nariz (figura) le permiten al topo localizar, identificar y comerse una presa en menos de 0,3 segundos, lo que le confiere el título de 'el más rápido mamífero depredador conocido'.

Topo de nariz estrellada. (https://naturerules1.fandom.com/wiki/Star-nosed_Mole)

En conclusión, y a pesar de no ser generalmente considerado tan importante como los otros sentidos, el tacto juega un papel esencial no solo en la detección de presas y depredadores. Por cierto, en los humanos —y mamíferos en general— el contacto físico, al proporcionar calor, seguridad, cariño y confort, es un elemento fundamental de la convivencia y el desarrollo sanos.

VIII. El sistema inmune

La evolución del sistema inmune cubre un período de unos 1000 Ma. Su primera manifestación se encuentra en organismos unicelulares —como las amebas— que necesitan distinguir «lo propio» de «lo no propio» o «ajeno» («self» y «non-self» en inglés) para defenderse, elegir su comida e interactuar con sus congéneres. En metazoos, la estrategia básica y barrera inicial para protegerse de una infección es una respuesta mediada por receptores genéricos que han sido seleccionados en el transcurso de la evolución biológica. Estos receptores reconocen motivos conservados en diferentes tipos de patógenos corrientes y generan procesos inflamatorios para limitar su invasión. Se trata de la inmunidad innata.

Existe un segundo tipo de inmunidad llamada 'adaptativa' que se encuentra en vertebrados (aunque una versión simple se ha descrito en un cnidario). Se basa en la diversificación aleatoria —programada durante la gestación de cada individuo— de células que expresan cada una el gen de un receptor proteico capaz de reconocer un posible antígeno*, proveniente de un patógeno. Cada una de estos millones de millones* de células, llamadas linfocitos, expresa su receptor en la membrana, y si este fija el antígeno correspondiente, la célula se multiplicará y diferenciará. Hay dos tipos de linfocitos llamados B y T que tienen roles distintos. Los linfocitos B se ocupan de producir anticuerpos con la especificidad del receptor, para neutralizar al agresor. Es lo que se llama defensa humoral. Por otro lado, los linfocitos T reconocen fragmentos de proteínas ajenas en la superficie de células propias infectadas y las destruyen. Se trata de una defensa celular.

El problema con la generación anticipada de receptores al azar es que algunos de ellos reconocerán antígenos propios. La solución de la evolución biológica ha sido la eliminación, a través de mecanismos bastante complejos, de los linfocitos que llevan ese tipo de receptor cuando aún son inmaduros. Ocasionalmente, es posible que algunas de estas células escapen a este proceso de eliminación —llamado apoptosis o muerte celular programada— y provoquen una patología autoinmune. Este síndrome también puede ocurrir por una reactividad cruzada de los anticuerpos provocada por la similitud accidental de antígenos propios y ajenos. Por ejemplo, una infección de la garganta causada por un tipo de estreptococo, es capaz de generar anticuerpos que producen reumatismo cardíaco. Esto ocurre porque una de las proteínas de esta bacteria tiene una región (epítopo) que se parece a la de una proteína del tejido del corazón y los anticuerpos dirigidos contra el estreptococo se 'equivocan' y atacan ese tejido provocando una inflamación. Este tipo de reacción también puede presentarse, aunque muy raramente, con una vacuna. Un ejemplo reciente es el de la vacuna AstraZeneca contra la Covid-19 que provocó en algunos pacientes una disminución de la cantidad de plaquetas sanguíneas, lo que conllevó la formación de coágulos y la consiguiente trombosis. Esta disminución fue causada por la acción de anticuerpos producidos por la vacuna contra la proteína espícula del coronavirus, que reconocen una proteína en la superficie de nuestras células. Desgraciadamente estos anticuerpos también resultaron ser activos contra las plaquetas del paciente (el riesgo de presentar este síndrome se estimó a 11 casos por millón de dosis).

Los invertebrados —esponjas, gusanos, cnidarios, moluscos, crustáceos, insectos y equinodermos— carecen de inmunidad adaptativa (figura pág. 151), pero poseen una gran cantidad de células llamadas fagocitos que despliegan una multitud de receptores con los que fijan y neutralizan antígenos ajenos (y son capaces de distinguirlos de los propios). De esta manera, estos receptores reconocen estructuras moleculares de origen viral, bacteriano, fúngico o protozoario. El inconveniente de esta inmunidad innata es que, para proteger eficazmente, requiere grandes concentraciones de células con una variedad enorme de receptores diferentes. No sorprende, entonces, constatar que haya habido una gran presión selectiva para desarrollar la inmunidad adaptativa. Lo que sí llama la atención es que en los ciclóstomos haya aparecido un mecanismo adaptativo completamente diferente del de los gnatóstomos lo que, probablemente, solamente ocurrió en estos peces primitivos (figura pág. 151).

La evolución también favoreció la coexistencia de los dos tipos de inmunidad en los animales con mandíbulas ya que la respuesta innata, que es rápida, constituye la primera barrera contra un agente patógeno y le permite a la respuesta adaptativa seleccionar y preparar una defensa específica más eficaz. No es sorprendente entonces constatar que la coevolución durante los últimos 500 Ma de los sistemas inmunes adaptativo e innato haya generado una conexión compleja que protege al huésped. Por cierto, los síntomas de una serie de inmunodeficiencias hereditarias muestran claramente que este proceso tuvo que haber mejorado significativamente la probabilidad de sobrevivir de nuestros ancestros.

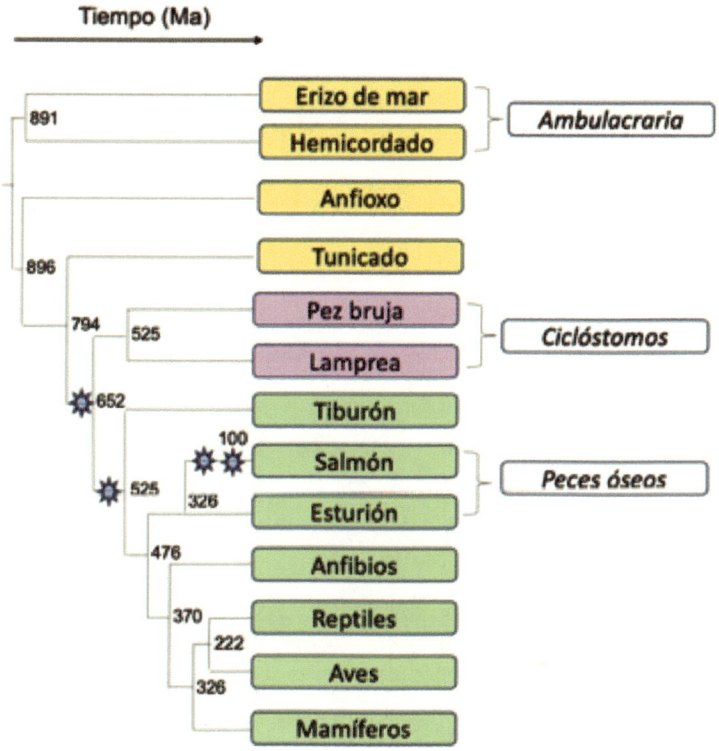

Evolución de la inmunidad. Aunque todos los deuteróstomos (pág. 31) poseen inmunidad innata, los más simples (cuadros amarillos) carecen de una inmunidad adaptativa. Por otra parte, el ancestro de los ciclóstomos agnatos (cuadros violetas) desarrolló un sistema adaptativo que difiere fundamentalmente del que se encuentra, con algunas variaciones, desde los peces mandibulados cartilaginosos, como el tiburón, hasta nosotros (gnatóstomos, cuadros verdes). Las fechas estimadas de la divergencia a partir de un ancestro común se indican en millones de años (Ma). Las estrellas azules denotan la duplicación del material genético de un organismo. Como vimos en la pág. 51 al referirnos a los genes *Hox*, el salmón ha experimentado 4 duplicaciones, mientras que el genoma del resto de animales con mandíbulas solo revela 2 de estos accidentes genéticos.

C. CONCLUSIÓN

Como hemos podido ver, el camino recorrido por la evolución biológica para llegar hasta nosotros ha sido largo y complicado. Dado que es un proceso sin meta, que ocurre paso a paso y que puede simplificar un organismo en lugar de hacerlo más complejo, en muchos casos su estudio no es evidente. Y si a eso se agrega la transferencia horizontal de genes (THG)* de una especie a otra, que aporta directamente al proceso evolutivo del receptor, la situación es aún más problemática.

Pero también hemos progresado mucho en este campo. El secuenciado del ADN de múltiples especies permite establecer árboles filogenéticos bastante fiables y calcular las fechas de divergencia de distintos filos. Y, por supuesto, detectar la THG. Además, las técnicas de recuperación de ADN fósil y su secuencia nos proporcionan una visión clara de la relación de especies desaparecidas con las actuales. Tal vez el caso más emblemático para nosotros haya sido saber que en promedio cada ser humano, aparte los subsaharianos, tiene entre 2 y 3 % de genes provenientes de nuestro primo el hombre de Neandertal, extinguido hace 40 000 años. En el caso de los *H. sapiens* subsaharianos, datos muy recientes sugieren que parte de sus ancestros migraron a Europa hace 250 000 años, donde se cruzaron con los neandertales, y algunos volvieron a África ya que algunas poblaciones tienen hasta un 1,5 % de genes de esa especie humana.

También hemos visto que la inteligencia tiene su precio. Un cerebro alojado en un cráneo que no puede crecer demasiado sin arriesgar un nacimiento traumático, solo puede desarrollar una función a expensas de otra(s). Por eso los primates en general, y el *H. sapiens* en particular, poseen sentidos menos eficientes que otros mamíferos. Podemos nuevamente referirnos al *H. neanderthalensis*, quien con un cerebro incluso un poco más grande que el nuestro no tenía la misma creatividad. Un molde cerebral elaborado a partir de un cráneo de neandertal muestra que su lóbulo occipital, responsable de la visión, estaba bastante más desarrollado que el nuestro; pero también se constata que su lóbulo frontal, responsable de parte del pensamiento abstracto, era más pequeño.

Un tema que no hemos abordado, porque es más político que científico, es nuestro futuro como especie. Actualmente, se habla mucho del Antropoceno, período geológico que sería el resultado de nuestra actividad. Algunos autores ubican su origen en el Neolítico, hace 9000 años, cuando empieza la agricultura y la domesticación de animales, y otros en 1784, con la invención de la máquina a vapor. Queda claro que la industrialización, con la combustión de carbón, gas y petróleo fósiles que conlleva, ha enviado una cantidad considerable de CO_2 a la atmósfera y que su efecto de invernadero ha aumentado la temperatura global de la Tierra. Pero, desde mi punto de vista, la agresión ecológica empieza ya con la agricultura. Sembrar la misma planta, frecuentemente exótica, sobre una gran extensión de terreno ha requerido —prácticamente en todos los países— destruir la flora natural endémica y ha causado estragos en la fauna dependiente de ella. Otro problema con los monocultivos es que la selección de variantes de una especie con propiedades ventajosas como la resistencia al frío, al calor o a la sequedad, tiende a disminuir drásticamente su variabilidad genética. Y esta situación ha empeorado con la generación de especies comerciales trans-génicas. Un estudio reciente ha demostrado que mantener una gran variedad genética en una especie vegetal de interés agrícola le permite producir numerosos nutrientes diferentes, lo que limita la implantación de insectos herbívoros. Cambiar la tendencia requerirá una gran organización a nivel mundial porque es posible que implique un bajón en el rendimiento agrícola global.

Otro problema que puede surgir en un futuro próximo es el crecimiento desmedido de la población mundial, que sigue acelerándose. Los primeros mil millones de seres humanos se alcanzaron en 1800; los segundos en 1930, los terceros en 1960, los cuartos en 1975, los quintos en 1987 y los sextos en 1999. En 2023 llegamos a los 8 mil millones de individuos y se supone que en el 2050 se habrán sumado entre 1 y 2 miles de millones más. En una nota más optimista, algunas proyecciones sugieren que la población mundial podría estabilizarse a alrededor de 10 mil millones, gracias a la educación y un mejor nivel de vida de las poblaciones con mayor índice de natalidad anual (sobre todo África y algunos países asiáticos). Europa del Este y Rusia incluso tienen índices por debajo de 0. En América, Canadá, los EEUU, Uruguay y Chile tienen los crecimientos más bajos del continente, entre 0 y 1% anual, igual que Europa Occidental y China.

En retrospectiva, uno no puede dejar de preguntarse si una inteligencia como la nuestra es compatible con el equilibrio ecológico durable de un planeta como la Tierra. Y si la teoría «Gaia» de Margulis y Lovelock —y la de Maturana y Varela— de organización colectiva y/o auto-organización de la vida, puede perdurar en civilizaciones como la nuestra. Es de esperar que sea así.

GLOSARIO

Acidosis: cambio del pH sanguíneo hacia valores más ácidos.

Anaeróbico: se dice de un organismo que vive en un medio sin oxígeno y que puede no sobrevivir en presencia de ese gas.

Antígeno: substancia que el sistema inmune reconoce como ajena y responde generando anticuerpos específicos.

Arcos branquiales o faríngeos: estructuras embrionarias que se desarrollan a partir de la región cefálica de la cresta neural.

Arqueón: antes llamado arqueobacteria; clado de procariotas unicelulares semejantes a las bacterias, pero con propiedades bioquímicas que los definen como ancestros de las células eucariotas.

Barrido selectivo: eliminación o reducción de la variabilidad genética en una región del ADN cercana a una mutación como resultado de un proceso reciente y positivo de selección natural. Esta reducción puede también afectar a genes neutros ligados al gen mutado.

Biomineralización: proceso en el que se generan estructuras combinadas de sales minerales como el carbonato de calcio y materia orgánica como una proteína.

Blastopórico: relativo al blastoporo, orificio de la gástrula a partir del que se forma la boca en los protóstomos y el ano en los deuteróstomos.

Braquiación: manera de desplazarse en los árboles balanceándose de rama en rama. Nuestros ancestros debieron ser braquiadores dada la estructura ósea de nuestras manos y hombros.

Canales cálcicos: proteínas que se insertan en la membrana de varios tipos de células y regulan el paso de iones Ca^{2+} a través de ellas al responder a cambios en el campo eléctrico circundante.

Células glandulares exocrinas: células que secretan, por ejemplo, sudor, saliva, moco y leche. Se llaman exocrinas porque sus productos no van directamente al torrente sanguíneo.

Células nucleadas: células también llamadas eucariotas que tienen un núcleo donde reside su ADN. Las plantas y los animales están constituidos de células con núcleo (a la excepción de los glóbulos rojos de los mamíferos que lo pierden).

Células pluripotentes: ver Cresta neural.

Chaperonas: proteínas que asisten a otras proteínas para que puedan adoptar su conformación funcional; o que limitan su desnaturalización cuando se exponen a condiciones extremas de calor, pH o contenido salino.

Ciego («cecum») hepático: en el anfioxo es el órgano donde se secretan enzimas y las partículas alimentarias resultantes son fagocitadas y digeridas intracelularmente.

Clado (rama evolutiva): grupo de animales derivados de un ancestro común.

Cresta neural: Tejido compuesto de células pluripotentes que se generan durante el desarrollo de los vertebrados y que migran colonizando buena parte del embrión y se diferencian en una gran cantidad de tejidos: sistema nervioso, esqueleto, tejido conectivo y músculo liso, piel y células de la glándula suprarrenal. En el embrión, la cresta neural puede consistir en cuatro regiones principales: (i) craneal o cefálica, que se diferencia en cartílago, hueso, neuronas, células gliales y tejido conectivo de la cara; (ii) tronco: donde las células que migran poco forman ganglios de neuronas sensoriales, y las que migran más constituyen ganglios del sistema simpático y la médula suprarrenal; (iii) vaga y sacra: esta región genera ganglios intestinales; (iv) cardiaca: que genera melanocitos, neuronas, cartílago y tejido conectivo y el tejido de arterias desde el corazón.

Cromosomas: estructuras compactas —formadas por la asociación del ADN con proteínas llamadas histonas— que contienen la información genética del organismo (el genoma) en el núcleo de una célula eucariota. El número de cromosomas depende de la especie.

Diploblástico (o diblástico): animal cuyo embrión tiene dos capas en su blástula: ectodermo y endodermo (cnidarios, ctenóforos y poríferos).

Endolinfa: fluido del oído interno muy parecido al líquido intracelular, con una concentración elevada de potasio (K^+) y muy poco sodio (Na^+). Esta composición iónica aumenta la excitabilidad de las células sensoriales del órgano auditivo.

Enzima: proteína que cataliza (acelera) una reacción biológica al bajar la energía de su estado de transición.

Estatocisto: órgano que detecta la fuerza de gravedad y sirve a orientar a invertebrados marinos gracias a sus estatolitos.

Estatolito: estructura bio-cristalina que se encuentra al interior del estatocisto. Dependiendo del filo, los estatolitos pueden estar compuestos de sales de carbonato de calcio o de sulfato de calcio.

Evolución convergente: aparición de un órgano y su función a partir de orígenes diferentes, o comunes pero ancestrales. Casos típicos son las alas de los murciélagos y los pájaros y la forma hidrodinámica muy parecida del tiburón y el delfín.

Exaptación: utilización de un órgano para una función diferente de la original. Un ejemplo es la formación de extremidades para andar sobre un terreno seco a partir de aletas durante la transición pez → anfibio.

Expresión neurogénica: función que controla la distribución y el tipo de neuronas en un animal.

Feromona: hormona volátil que condiciona el comportamiento de otros miembros de la misma especie. Por ejemplo, las hembras de muchas especies secretan feromonas que indican a los machos que están receptivas para acoplarse.

Filo: rango en la clasificación de los organismos, por debajo de reino y por encima de la clase.

Filogenética: rama de la biología que se ocupa de la clasificación histórica y evolutiva de las especies en función de sus similitudes moleculares y anatómicas.

Genes ortólogos: secuencias de nucleótidos que codifican una proteína con la misma función y estructura en el ADN de organismos diferentes.

Genoma: La totalidad del ADN de un organismo que en células eucariotas se organiza en cromosomas (23 pares en nuestro caso). Solo una ínfima parte (<2%) codifica proteínas. El resto relata una historia compleja de inserciones virales, repetición de códigos nucleotídicos cortos y pseudogenes desactivados.

Hemolinfa: equivalente de la sangre en invertebrados. En algunas especies contiene hemocianina, una proteína que se diferencia de la hemoglobina por fijar el oxígeno que transporta con iones de cobre en lugar de hierro.

Hepatopáncreas: glándula que sintetiza enzimas digestivas y asimila y almacena nutrientes en los invertebrados.

Hipercalcemia: exceso de iones calcio (Ca^{2+}) en la sangre.

Infrafilo: rango usado en algunos casos entre el filo y la clase.

Lisosomas intracelulares: orgánulos aislados del resto de la célula por una membrana que contienen enzimas que degradan bacterias fagocitadas y material de origen externo; necesitan mantener un pH ácido.

Método del uranio-torio (U/Th): Cuando el carbonato de calcio precipita en superficies minerales retiene uranio (U) pero normalmente no tiene torio (Th). Pasado un cierto tiempo, todo el ^{230}Th presente en la muestra resulta de la desintegración radioactiva del ^{234}U y la relación U/Th permite calcular la edad de formación del mineral (ya que se conoce la vida media de los isótopos de estos elementos).

Millón de millones: en castellano esta cantidad (10^{12}) corresponde a un billón. Sin embargo, en inglés es un trillón («trillion»); y un billón («billion») son 1000 millones (10^9). He preferido explicitarlo en «millón de millones».

Neuropéptidos: moléculas pequeñas, formadas por la unión de tres o más aminoácidos, que actúan sobre el sistema nervioso. Pueden ser transmisoras, moduladoras o incluso hormonas.

Néwton: unidad de fuerza que se define en kilos por metro, divididos por segundos al cuadrado.

Nucleótidos: moléculas compuestas de una base nitrogenada, un azúcar y fosfato, cuya polimerización genera los ácidos nucleicos ADN y ARN. El ADN contiene las bases nitrogenadas adenina, timina, citocina y guanina y el azúcar desoxirribosa; el ARN remplaza la timina por el uracilo y su azúcar es la ribosa.

Olfactores: clado de los cordados que incluye a los tunicados y vertebrados (y excluye al anfioxo). Los vertebrados se caracterizan por poseer un sistema olfativo desarrollado que incluye narices.

Ortólogos proteicos: proteínas producidas por genes ortólogos.

Ostracodermos: del griego *ostracos*, «concha», «caparazón» y *derma,* «piel») constituyen una clase extinta de peces agnatos (sin mandíbulas); son los vertebrados más antiguos conocidos.

Otolitos: diminutos cristales de carbonato de calcio ($CaCO_3$), combinados con una matriz proteica, que permiten detectar la posición del cuerpo con respecto a la fuerza gravitacional. Existen distintos tipos dependiendo del filo.

Oxido-reducción: proceso químico en el que se intercambian electrones. El potencial de oxido-reducción determina la dirección de los electrones, que migran de un potencial negativo a uno positivo (o menos negativo).

Penfield (homúnculo de): El homúnculo de Penfield es una representación distorsionada en la corteza cerebral de la organización del control motor de los músculos del cuerpo humano. Se le llama así en honor al neurólogo canadiense Wilder Penfield (1891-1976), que fue el primero en proponerla.

Pérdida secundaria: Se refiere a un proceso evolutivo que elimina una función supuestamente más avanzada que las que quedan. En el texto se da el ejemplo de una posible organización nerviosa simple en un ancestro de las esponjas, que habría desaparecido durante la evolución.

Pez cebra: Es un animal de laboratorio que tiene dos ventajas principales: la similitud de su genoma con el humano (80%), lo que lo hace un buen modelo para estudios genéticos, y la rapidez de su reproducción: las hembras ponen unos 200 huevos a la vez y el desarrollo de los embriones se completa en 24 horas.

Placodas: engrosamientos de la capa ectodérmica del embrión que pueden ser sensoriales al incluir el desarrollo de partes de tres órganos de los sentidos: el cristalino, el oído interno y la pituitaria amarilla del olfato.

Pseudogen: segmento del ADN que corresponde a un gen desactivado por mutación. También se les llama genes fósiles y pueden ser muy numerosos. El genoma humano contiene alrededor de 21 000 genes y 14 500 pseudogenes.

Quimiosentido: se define como un sentido que depende de la naturaleza química del estímulo. Los dos quimiosentidos son el olfato y el gusto y pueden combinarse y dar una sensación común.

Reloj molecular: técnica para datar la divergencia de dos especies a partir del número de diferencias entre dos secuencias de ADN, ARN o proteína homólogas. Depende del tiempo pasado desde su separación y se calibra gracias a que el ritmo de cambio evolutivo producido por mutaciones es, en general, bastante constante.

Simetría pentarradial: anatomía exclusiva de equinodermos (erizos, estrellas de mar) que tienen cinco partes equivalentes, relacionadas por una rotación de 72°. Es una característica secundaria ya que sus larvas son bilaterales.

Simplificación secundaria: ver 'Pérdida secundaria'

Taxón: Concepto que incluye a todos los organismos que comparten ciertas características bien definidas. La especie constituye el taxón básico de la clasificación sistemática.

Tegumento: la capa más externa del cuerpo de un animal que actua como una barrera física que lo protege de su entorno.

Transferencia horizontal de un gen: aporte directo de información genética de una especie a otra, las que pueden ser extremadamente diferentes. Permite adquirir órganos y funciones sin pasar por un proceso evolutivo y puede tener efectos dramáticos en el receptor.

Triploblástico (o triblástico): animal cuyo embrión tiene tres capas en su blástula: ectodermo, mesodermo y endodermo (todos los bilaterales)

Vivíparo: animal en que las hembras paren crías ya formadas. Aunque este tipo de reproducción es característico de los mamíferos (excepto los monotremas) también ocurre en la mayoría de los tiburones y existió en peces ancestrales (placodermos).

Agradezco a mi amigo y colega Francisco «Pancho» Rojas y a Isabel García Sáez, de mi Instituto, por haber leído este libro y sugerido cambios que sin duda lo mejoraron.

Este libro se terminó de imprimir
en noviembre de 2024

europa@rileditores.com

Se utilizó tecnología de última generación que reduce
el impacto medioambiental, pues ocupa estrictamente
el papel necesario para su producción, y se aplicaron
altos estándares para la gestión y reciclaje de desechos
en toda la cadena de producción.